张文敬 著

海螺沟

唯美四川

北京日报报业集团
同心出版社

图书在版编目（CIP）数据

海螺沟 / 张文敬著. —北京 : 同心出版社,
2015.1
（唯美四川）
ISBN 978-7-5477-1383-9

Ⅰ. ①海… Ⅱ. ①张… Ⅲ. ①冰川 – 介绍 – 甘孜
藏族自治州 Ⅳ. ①P343.727.12

中国版本图书馆CIP数据核字(2014)第268656号

出版发行：同心出版社
地　址：北京市东城区东单三条8-16号　东方广场东配楼四层
邮　编：100005
电　话：发行部：（010）65255876　总编室：（010）65252135-8043
网　址：www.beijingtongxin.com
印　刷：河北鑫宏源印刷包装有限责任公司
经　销：各地新华书店
版　次：2015年 1月第1版　2015年1月河北第1次印刷
开　本：787 毫米 × 1092 毫米　1/16
印　张：13.75　1彩插
字　数：250千字
定　价：50.00元

热烈祝愿文启同志
地理冰川系列科普
著作出版发行
提高科学知识
拓宽人生境界
施雅风敬贺
二〇〇九年十月三日

施雅风院士题词

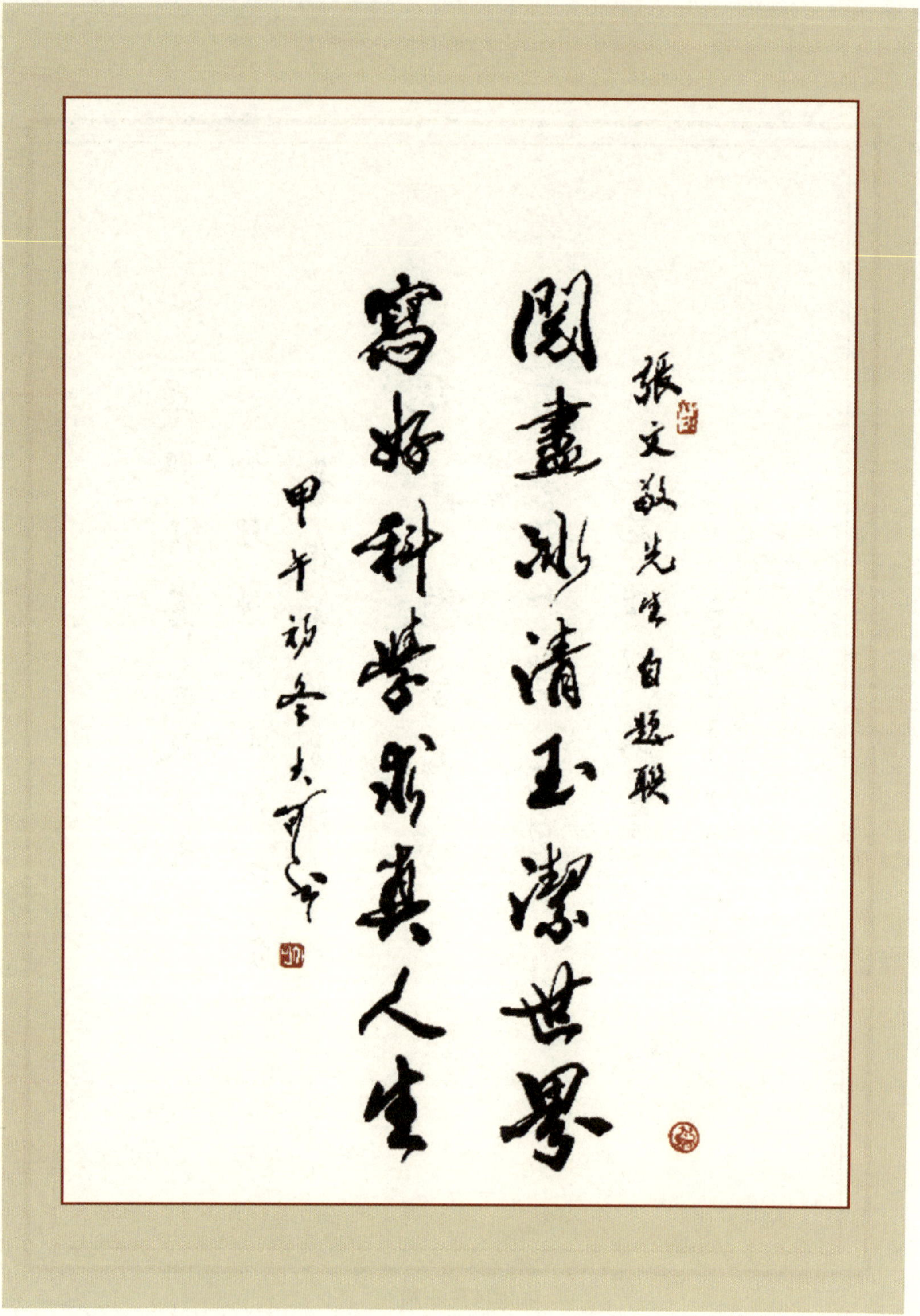
張文敬先生自題聯
閱盡冰清玉潔世界
寫好科學求真人生
甲午初冬

贡嘎山海螺沟赋

大可 题

青藏之东山横断贡嘎雄踞山之巅海拔七五五六米角峰高耸入
云端世界排名十九位跻身超高山峰间横断山里号为最更为蜀
中第一山青城峨眉邈难匹四女雪宝只算闲山上云海山中树山
下阡陌是庄园身前身后地热涌生物园林冰冻园冰川最是海螺
沟晶莹剔透达九天一零八零大冰瀑亚洲第一信可倍百万军阵
银盔甲势不可挡下雄关冰川弧拱似海螺美名注此天下传冰洞
冰河冰蘑菇冰碛刻楷磐光西末端当绣雨千米榛桐芭蕉紧相连
岭牛猕猴雪山客红豆杉映蓝冰川更有冰川燕子沟还有湾川南
门关加上冰川磨子沟集成冰川好景观绿树苍葱林海涌冰川雨
林薮云天红松白桦花椒美铁杉冷杉和云杉康定木藏迷香树鹿
耳韭作大杜鹃松萝藓拂古藤密雨淋竹笋灵芝现情人海子情人
游草海潮滚笑声欢二层山上举目望云蒸霞蔚赛人间鬼斧神工
多谢冰川雪地红石滩春夏秋冬美如画满溢温城纤烟漫磨西
古地有古镇汉彝藏族亲无间常手领袖躬地培育红军过天险
如今更有好政策富民兴川建业奋进教佛教天主教和谐共建来
致闲实现雪域中国梦全面小康为人光或说气候在变暖京都为
岭多吾哉城市热岛正拥堵回归原始享自然人间凉都海螺沟天
府之国后花园

张文敌教授贡嘎山海螺沟赋 大可书

贡嘎山海螺沟赋 / 张文敬

青藏之东山横断，贡嘎雄踞山之巅。海拔七五五六米，角峰高耸入云端。

世界排名十九位，跻身极高山峰间。横断山里我为最，更为蜀中第一山。

青城峨眉邈难匹，四女雪宝只等闲。山上云海山中树，山下阡陌是庄园。

身前身后地热涌，生物圈接冰冻圈。冰川最是海螺沟，晶莹剔透连九天。

一零八零大冰瀑，亚洲第一信可传。百万军阵银盔甲，势不可挡下雄关。

冰川弧拱似海螺，美名从此天下传。冰洞冰河冰蘑菇，冰碛刻槽磨光面。

末端曾经两千米，棕榈芭蕉紧相连。羚牛猕猴雪山客，红豆杉映蓝冰川。

更有冰川燕子沟，还有冰川南门关。加上冰川磨子沟，集成冰川好景观。

绿树蓊葱林涛涌，冰川雨林蔽云天。红松白桦花楸美，铁杉冷杉和云杉。

康定木兰连香树，鹿耳韭伴大杜鹃。松萝舞拂古藤密，雨后春笋灵芝现。

情人海子情人游，草海湖滨笑声欢。二层山上举目望，云蒸霞蔚赛人间。

鬼斧神工多讶异，冰川雪地红石滩。春夏秋冬美如画，满沟满坡红烂漫。

磨西台地有古镇，汉彝藏族亲无间。当年领袖驻跸地，指挥红军过天险。

如今更有好政策，富民兴川史无前。道教佛教天主教，和谐共建未敢闲。

实现雪域中国梦，全面小康为人先。或说气候在变暖，京都多哈多舌战。

城市热岛正拥堵，回归原始享自然。人间凉都海螺沟，天府之国后花园。

目录 CONTENTS

引 言

走过地球上那么多的山山水水，到过欧洲美洲，到过非洲澳洲，还多次到过南极和北极，也乘船漂历过太平洋、印度洋、大西洋和北冰洋，万里归来之后，更加感到我们可爱的祖国是一个地大物博的美丽地方。

具有某种优患意识的民族才是不断奋发前进、不断更新，从而真正自立于世界之林的优秀民族。一个常葆青春、强力常新的民族也正是一个从不妄自菲薄的敢于自强不息的民族！

近年来不少人甚至包括学有所长的某些专家对我国的“地大物博”毫不讳言地、言之凿凿地提出了质疑，以为经过对某些资源的开发利用之后，至少认为我国地虽大而“物”不博了。自然，这种看法并非毫无道理，尤其随着改革开放力度的加强，伴随着处于人口增加的高峰期，可耕土地资源却日趋减少；虽然江河纵横，湖泊星罗棋布，但水资源却日渐匾乏，并且污染有增无减；虽然也不时见新闻报道又在某海湾或某盆地发现了几处大型油、气田，但面对13亿人口、平均经济增长速度高达10%的能源消耗，虽非杯水之薪，却也远远不能弥补现代化发展所形成高消耗的能源缺口。

固然，不少资源的储量是有一定限度的，尤其我们中国在发展的分数中，人口这个分母实在是太大了。然而天道有常，近几代中国的高层决策人对我们的人口发展现状始终保持着清醒的思维。随着改革开放步伐的加快，全民教育素质的提高和科学理念的增进，中国经济在可持续发展、生态环境的保护和建设中，人口这个分母将会控制在一个合理的水准上，尤其应该与科学发展的经济增长分子相适应的水准上。

中国陆地国土面积960万平方千米，加上300多万平方千米的广大海域，中国的“地大”在世界上屈指可数，仅次于俄罗斯、加拿大位居世界第三。

须知“地大”才能“物博”，从某种意义上讲，“地大”就是物博，“地大”是物博最根本最实在的基础。

“物”，简言之就是资源。

日照金山

资源从大的方面看分为有形资源和无形资源。

“无形”资源主要指一个民族在漫长的历史文化演替和发展中所形成的一种比较固定并为人类文明所认可的一种精神。道德文化元素所构成的资源，包括近年来国际上流行的所谓“非物质文化遗产”大概即属于这类资源！这里姑且不去讨论它，我们只说“有形”资源。

有形资源是指看得见、摸得着，存在于宇宙之中，具有一定形态并且可以转换的有一定物质能量、运动中的所有资源。在我们地球这颗行星上，构成地球本身的所有元素以及这些元素所形成的物质以及这些物质在形成、运动和转换过程中所表现出来的千差万别、复杂多样的形态，包括广袤无垠的海洋以及海洋中的海水，洋流，海洋水生生物，矿物；陆地以及陆地上的山川、河流、湖泊、沙漠、湿地、各类矿藏以及它们所表现出来的各种景观形态、生物群落，还有近地面的大气层和外层空间的卫星——月亮都是我们人类所拥有的有形资源。

各种矿藏资源比如地球上的石油、天然气、煤，还有铁、铜、金、银等矿物资源，它们的储量是有限的，甚至在一定地质历史时期之内，它们是不可再生的。从一种固定的物质形态而言，开采完了，利用完了，那么这些资源也就不复存在了。如果我们将这些资源称之为可“穷尽”的资源的话，那么，我们这个人口大国的确不能算是“物博”的国度。

可是，地球上的每一个国家，虽然面积有大小之分，人口有多少之数，可以穷尽的资源更有贫富之比，但在我看来，仅就可穷尽的资源而言，其贫富也就是一个相对数，因为这些资源对于任何一个国家来说，不论你有多少存量，终究是要被开发消耗殆尽的。

就说美国吧，这是一个立国不过200多年的新兴富有国家，它的国土面积虽然略比中国要小一些，它的人口却只有中国的六分之一，然而它的矿产资源储量不仅不输于中国，而且它的矿产资源的开采程度还处于十分原始的状态。比如说美国的油气和煤的储量并不比中国差，甚至远景储量超过中国，但是为了长期战略，美国的化石燃料主要依赖从国外进口，而把自己国内的这些石油、天然气和煤炭资源原生态保留下来留待子孙后代去消费。这当然表现出多少代美国政治家和经济学家们的高瞻远瞩和远见卓识。可是我们人类的发展历史将会无穷尽地延续下去的。100年之内，你可能

海螺沟二层山风光

雅加情海

仍然是一个“可穷尽”资源的丰裕国家。那么，200年之后呢？500年之后呢？1000年之后呢？当别的国家那些储量有限的资源都消耗得差不多的时候你还是得开采自己曾经被储备起来的那些资源，而那些资源终会也有被耗尽的那一天。

所以我认为就“可穷尽”资源的概念而言，世界上并没有真正的“物博”之国或者富有之国，包括美国、俄罗斯、加拿大，当然中国也不例外。

一个国家真正的“物博”首先内涵于其“地大”之中。而这种“物博”除了可穷尽的矿产资源之外，主要指一个国家的海洋和陆地，以及海洋中的海水洋流动力资源，海洋地理景观和海洋生态景观资源；陆地上的山川、河流、湖泊、沙漠、湿地、森林、草原及各类动物、植物组成的自然地理资源，或者说是这些地理资源表现出来的地理景观和生态景观资源。

只有自然地理资源或者说景观资源以及与地理资源密切相关的生物、生态资源才

藏酋猴

小熊猫

鸟类

金凤蝶

极丽马先蒿

灵芝菌

是永恒的，才是不可代替的长盛不衰的永久的不可穷尽的资源。一个国家的地理幅员越广大，景观资源越复杂地貌单元越多样，这才是真正的地大和“物博”！

我们中国除了960万平方千米的陆地国土面积，还有长达18000多千米的陆地海岸线和300万平方千米的广大海域。在广大的海域中，我们拥有包括台湾、海南这些大到3万平方千米和小到几平方米的大小岛屿5000多个。而大陆内部则更拥有众多的山川、河流、湖泊、盆地、高原……就地貌复杂性、景观多样性、生物生态的丰富性而言，中国和它的国土面积一样也可排在世界之前列！

在做好我们的以人为本、科学发展，建设好我们资源节约、环境友好的每一件事的时候，我们实在不该有妄自菲薄、自怨自艾、瞧不起自己的矮人一头的心态才是啊。

我将要带领读者朋友去领略、体会、解读的贡嘎山和贡嘎山下的海螺沟就是我们民族值得骄傲的一座“物博”的博物馆。

一 二郎山呀高万丈

在进入贡嘎山之前不得不先提一下二郎山，因为二郎山是从四川盆地进入贡嘎山地区主要的门户。

“二呀么二郎山，高呀么高万丈……”一首《歌唱二郎山》的歌曲把我们带到了四川盆地的西部，让不少人除了知道千里川藏公路的艰险神奇之外，更知道四川不仅是一个盆地，更是一个多山地的省区。

在一千多年以前的唐代，浪漫主义诗人李白曾咏叹“蜀道难，难于上青天”，那是指昆仑山余脉或者大巴山、米仓山、剑门关一带的雄险峻峭。虽然如此，它的高度也仅及“横断峨眉巅”。那意思是说，四川更高的山脉还不在大巴山，因为剑门关一带山脉的最高海拔不过1200米，即使是米仓山主峰最高海拔也才2507米（南江光雾山）！难为不谙古代地理学的李白先生也知道峨眉山（海拔3099米）比蜀道更高更险。

二郎山风光

其实被誉为“天府之国”的四川之所以成为“天府之国”不仅在于它的盆地地形，很大程度上还在于盆地四周的山地地貌，尤其是西部的高山和极高山区难得的地理环境。

二郎山隧道

主源发育于岷山和横断山的嘉陵江、岷江、大渡河，当然更有发源于青海省、却流经横断山脉的金沙江，不仅造就了天府之国肥沃的土地资源，还滋润、哺育了天府之国的万物和生灵，保佑了世世代代巴蜀儿女们水旱无忧，创造了令世人瞠目并无比自豪骄傲的巴蜀文明。试想，要是没有来自都江堰的河水，哪有连年五谷丰登的成都平原；要是没有岷山、横断山山脉截拦，哪有那么多的冰川积雪的融水源源不断地补充到岷江、大渡河。就是在那连绵起伏的万山之上，在四川盆地的西缘、西北缘，矗立着远远高于米仓山和剑门关，也远远高于峨眉山的雪山冰峰：比如松潘境内黄龙景区源头的雪宝顶其海拔高度就有5588米。正是在这神奇黄龙钙华泉池群景区的源头，孕育了亚洲最东部的雪宝顶现代冰川作用中心。在这里目前还生长、发育着8条现代冰川，其中位于岷江源头也就是雪宝顶山峰西坡发育有7条，东坡，也就是涪江的源头、黄龙景区的后缘发育有1条。不过它们都是冰川家族中最小最小的小字辈、小兄弟，被冰川学家们划归为悬冰川一类。其中最长的一条位于雪宝顶山峰西南坡也叫作雪宝顶冰川（编号为7），长为1.20千米，

二郎山茶马古道

盘山公路

面积为1.20平方千米。位于东坡涪江之源的冰川长度仅为0.60千米，面积仅为0.15平方千米，是实实在在的“婴儿冰川”。

此外，在川西邛崃山脉，更有海拔6250米的四姑娘山。在整个邛崃山系也分布发育了98条现代冰川，这些冰川绝大部分均属于悬冰川，总面积才38.21平方千米，其中最大的一条冰川就是位于四姑娘山东坡、岷江支流二河源头的正河16号冰川，目前长度约3.2千米，面积为1.89平方千米，这是一条形态稍比悬冰川要高级一点的复式冰斗山谷冰川。

在邛崃山向南延伸的一条支脉便是位于青衣江和大渡河之间的大相岭。大相岭东坡就是曾被称为“天漏”雨城的雅安市，大相岭西坡就是红军长征时曾进行过著名的“飞夺泸定桥”战役的泸定县，而二郎山则是从四川盆地通往康藏地区的必经之地——大相岭中的一个险要山隘，著名的318国道的川藏公路曾经从这里盘旋而过，其垭口海拔高达3040米，其附近的山峰海拔则高达3437米。从雅安、天全向西望去，二郎山正像一位守卫在千里川藏公路线上的英武卫士，又似一位由四川盆地进入青藏高原的指路人。

《歌唱二郎山》歌词碑

二郎山从山脉构造格局上又与天全、芦山县境内的夹金山同属一个山地系列。

曾经的二郎山，肩负着近半个世纪内地支援西康、甘孜和西藏经济建设以及西藏边陲国防物资的运输承载，多少满载着全国各族人民的热情友好以及粮食、油料、机械、建设材料的汽车日夜不停地驶向二郎山，翻越二郎山。二郎山上常年坚守在这里的筑路工人、管护人员无怨无悔，保障着运输畅通，保证行车安全，二郎山的功绩就和《歌唱二郎山》那首永唱不绝的赞歌一样永远留在人们深深的记忆里。

筑路烈士墓碑

如今的二郎山却在多少年的辛勤负载之后终于可以轻松地喘喘气了。因为国家已投巨资在二郎山的山腰处，开通了一条长为4176米的钻山隧道，原来翻越二郎山近半天的行程，现在只需十来分钟便可轻松顺利通过，一条明亮、顺直的通关大道直接将四川盆地和横断山连在了一起，青藏高原那清凉的气流通过这便捷的隧道一瞬之间便可吹进天府之国的成都平原。

二郎山那九曲十八弯的盘山公路虽然从318国道繁忙的运输线上“退”了下来，但她那绵长的历史功勋，那英雄赞歌般的历史辉煌，那盘山山道的历史遗迹，那满山的翠绿，那翠绿间时隐时现的银白色瀑布，那山瀑溪涧两岸的大熊猫、小熊猫、金丝猴、羚牛以及素有植物活化石之称的珙桐和小张家界之誉的直立“盆景”石林构造，还有祖辈世居在

二郎山云海

二郎山林海之中的汉、羌、藏、回农家山民之居，都成为人们一处绝好的旅游休闲、科学探险、研究实习的理想之所。

二郎山东坡天全河支流黑悬沟—喇叭河与二郎山一样，都已辟为四川省风景名胜区，其沟内也是林木繁茂，气候四季分明，是我国大熊猫主要栖息地之一，其中还有羚牛、珙桐等国家一级保护动、植物分布。珙桐又称鸽子树，花期盛开之时，两枚似叶似花的白色大苞片迎风翻飞，酷似穿飞于林间的群群鸽鸟，令人赏心悦目，大自然的神奇造物功能真令人拍案叫绝。

至于羚牛，又称扭角羚，它似牛又似羚，是羚羊的近亲，因体态有许多特征与羚羊比较类似而得该名。扭角羚体形比较大，善于在山间奔走、生活，它们在西藏东南部和川西、滇西北的横断山和川北米仓山中都有分布。

二郎山东坡的二郎山风景名胜区和喇叭河风景名胜区都属雅安市天全县行政管辖，面积可达130000公顷，现已被世界自然遗产公约组织批准进入世界遗产名录：四川大熊猫世界遗产——夹金山脉大熊猫栖息地。

近年来，随着国家经济建设步伐的突飞猛进，包括道路设施在内的基础建设有了长足的飞跃。二郎山隧道的贯通将内地和康藏地区的距离拉近了，为人们的出行带来了许多方便，为民族区域的发展和进步增加了活力。令人欣喜的是，随着另外一条高速公路——雅（安）西（昌）高速公路的竣工通行，人们进入贡嘎山海螺沟的道路又多了一项选择：成都到雅安，雅安到石棉，再从石棉下高速后，沿着大渡河一路上行，到泸定县猫子坪过大渡河彩虹桥，很快就进入贡嘎山东坡海螺沟重镇——磨西古镇了。

目前，石棉到猫子坪之间正在兴修若干大型梯级电站，不久的将来，高峡出平湖，一条高等级的沿湖公路将带着你在赏心悦目的心境中，一路的湖光山色，不知不觉地进入到梦幻般的世外桃源——风光迤逦的海螺沟国家级风景名胜区。

二 大渡河水浪滔天

穿过恢宏壮观的二郎山隧道，眼前突然一亮，原来已进入天蓝云淡的大渡河流域了。

常言说："一山有四季，十里不同天。"一座海拔3000多米的二郎山将东坡和西坡的地貌景观环境分成了完全不尽相同的两种风情。东坡树高林密，云雾缭绕，瀑布飞溅，花香鸟语；西坡干热通透，天清气爽，林木相对稀疏，而且多为人工植造。从盘山公路上向西边的谷地望去，只见从巴颜喀拉山远足蜿蜒流来的大渡河从群山峻岭中奔涌而出，再急急匆匆地向南流去。如果站在二郎山西坡山腰观景台上，虽然直线距离仍有10多千米，透过几乎一尘不染的空气，仿佛可以看见大渡河水中一浪迭一浪的波涛，似乎可以听见那波涛追打波涛时发出的阵阵吼声。

大渡河是长江水系四川境内的一大主要支流，它的源头可以上溯到青海省南部的

大渡河河谷

班玛县，先后经流四川的阿坝州进入甘孜州丹巴县，这以上又称为大金川河，向南一直流经康定县和泸定县境，然后进入雅安市石棉县和汉源县，在乐山市汇人岷江，这一段统称大渡河。大渡河全长1155千米，全年径流量高达153亿立方米，在泸定县一带的年平均流量高达1340立方米/秒。

回首再望，二郎山不仅是四川西部山地与盆地之间气候的标志性分界地，还是盆地地形地貌向青藏高原过渡的一个明显山系，更是内地汉文化与康藏、藏羌文化的一个交错结合地带，好比从陕西翻越秦巴山地后便从黄河文化区进入到了长江上游巴蜀文化区一样，翻过二郎山便可以说从三星堆文明、金沙文明一下子进入到了党项、羌、藏文明地带。大渡河略带巴颜喀拉山冰雪寒凉的水流滋育了古代党项、羌族文化的发展，融合了藏羌各民族的勤劳和智慧，凝聚成了今天的康巴文化，形成了今天别具一格的康巴民族。毫不夸张地说，大渡河同时还是汉族和康巴藏羌人民的母亲河。

大渡河畔的仙人掌林

由于“焚风效应”的影响，大渡河在丹巴到泸定以及泸定以下近100千米的谷地中呈现出干热气候及植被景观。其中最典型的植物种类就是仙人掌。泸定一带的仙人掌成树成林。泸定仙人掌最早产于南美，据说是西方法国传教士在100多年以前利用传教的机会作为观赏植物引进的。这里的仙人掌最高的可达2米多。就在著名的泸定铁索桥西岸“红军楼”后面的山坡上，那些仙人掌成串地攀附在石壁上，展示着它们那喜干喜热的顽强生命力。仙人掌去刺除皮可做蔬菜食用，尤其是它的果实香甜可口，富含多种微量元素以及蛋白质、氨基酸、维生素和果胶等对人体有益的营养物质成分。

这种“焚风效应”不仅在大渡河谷有，在横断山三江流域中都会随时随地与你不期而遇。

包括大渡河在内的横断山区南北向河流如金沙江、澜沧江、怒江等干热河谷段虽然缺乏足够的自然降水，但一是山体上部降水仍然丰沛，多分布有成片原始森林，森林带以上还有大量皑皑冰川积雪，面对不断的冰雪融水和或明或暗的林区径流水都会以山溪的形式，像乳汁一样流向干热河谷，加上谷地又是河流通过的地方，因此这一带并不缺乏水资源，往往农耕文化反倒特别发达。就拿大渡河两岸来说吧，每到春末夏初，只见层层梯田，翠绿如染，到了夏末秋初，柑橘满树，稻谷飘香，好一派丰收祥和的峡谷盛世景象。即便是冬季，和同纬度同海拔的地方相比，这里仍然不太寒冷，甚至一些农耕作物在冬春季节生长良好，配置以一定的现代科学技术，许多干热河谷的台地上被建设成冬春季节的蔬菜水果基地。

奇妙的“焚风效应”只是对河谷的中下部位有影响。当气流越境翻山时，虽然

雪山脚下菜花黄

难以下沉到谷底，但仍会对山体中上部位产生影响，因此在河谷上部地形的阻滞下，形成相当规模的地形雨。这些雨水不仅有力地补给了河流，而且在山体高处形成冰雪积累，在中、高部位形成良好的天然植被。因此当我们翻越二郎山抬眼望去，大渡河对岸的贡嘎山脉竟是这样神奇旖旎，这样让人心动不已：海拔5000米以上，终年白玉般冰雪覆盖，海拔4000～5000米之间，高山草甸和灌丛带犹如一席美丽的地毯铺垫其间；海拔3000～4000米，墨玉般浓密的原始森林在飘忽的云雾笼罩下，呈现出植物王国那无穷的生命力，真有“墨玉为体，苍玉为神”的景观气势；在海拔2500米以下直至河谷两岸的台地上，层层梯田整齐如画，座座农舍点缀其间，房前竹橘，屋后桑麻，条条水渠环绕其间。圈里养着猪、羊，院里放着鸡、鸭，池塘中养着鱼虾，每家每户都堪称为立体生态复合农业、林业的独立示范单元。除了必要的现代化家用电器和交通工具，一家一户全年生活的所有物品几乎都可以自给自足，自产自销。不过现在农产品多了，产量高了，价格也上去了，农户们还要把更多的农产品运出谷地，运往山外，获取更多更大的经济效益，努力建设自己的幸福小康生活，同时还可以供子女到大地方上学之用。

焚风效应

焚风效应是指当空中气流运行的方向恰与所过之处的多列平行山地成正交或斜交角度，而且山脉与山脉、河谷与河谷之间的距离小高差大，加上在谷地中上升热气流的顶托下，使运行气流来不及下沉又不得不再次抬升跨越前方的又一座山岭，因而在下方的河谷很难形成有效的降雨天气，从而导致河谷的干热气候环境。气象学家将这种气候现象称为“焚风效应”。

消失的大渡河“漂木”

随着社会的变革，时代的前进，大渡河的功能也发生了很大的变化。

在20世纪90年代以前，翻过二郎山，首先呈现在人们眼前的便是大渡河上那排山倒海般的漂木！从大、小金川林区，从康定林区，从大渡河沿岸林区伐倒的树木，一部分用汽车运出山外，一部分，或者说大部分则是通过大渡河这条不收任何运费的水上通道漂流到下游，漂流到石棉，漂流到汉源，再漂流到金口河水库，在那里打捞

消失的“漂木”

上岸，装上成昆铁路上的火车，运往全国各地。

当年砍伐森林时那轰然的倒塌声曾被视为最豪壮的音乐；那高如山丘的储木场曾被当做社会主义建设事业的丰碑；那满江漂流的木筏曾被描绘成社会主义建设的壮丽图景。

十多年以前的中国，用水道放筏漂木，是许多大江大河上的一大景观，各地林区成立了全民制所有的“森工局”，专门从事森林的砍伐。

如今的大渡河和全国许多曾为我国的“森工事业”作过“贡献”的江河一样，“漂木”的景观消失了，彻底地消失了……

保护江河的生态链

当然，人类为了求得自身的发展又不得不在这些创造过无数人类文明的江河水流中去寻找和索取更多的效益。目前最大的，也是有很大争议的命题就是拦江建坝，让一个又一个的高峡“出平湖”。毛泽东曾在1956年横渡长江后写有《水调歌头·游泳》一词，其中诗人吟道：“更立西江石壁，截断巫山云雨，高峡出平湖，神女应无恙，当惊世界殊。”如今再读这首词，其实更多的是可以品味出一位远见卓识、先知先觉者的担忧：“神女应无恙”。神女真的无恙吗？生态环境发生了“翻天覆地的变化”，世界都“殊”异了，神女应该无恙吗？何况三峡就在巫山神女的家门口呢？

在一些大江大河上建立必要的水坝，蓄洪、防旱、抗灾、发电，这是人类文明、人类科学技术发展到一定水平和程度的历史必然，更是现代人类经济活动过程中的客观需求。无论是美国的科罗拉多河上的胡佛水坝，还是非洲尼罗河上的阿斯旺水坝，都曾经或者至今仍在当地的经济建设和文明演替中发挥着不可磨灭甚至不可替代的作用，更何况科学社会主义的导师列宁曾经说过："苏维埃加电气化等于共产主义。"电气化的电源目前无非是水力发电，火力发电，当然还有风力发电，太阳能发电，核电、沼气发电等，但大量的化石燃料发电所带来的废气排放越来越引起科学界和普通老百姓的忧虑和质疑，尤其是在目前全球气候变暖，气温持续升高不降，几乎一片压倒声地归罪于工业废气（二氧化碳、二氧化硫、二氧化氮等）的排放。这些工业废气在大量集中被排放后，来不及被植物吸收，积淀在大气中，在地球表面形成了一圈保温层，太阳光的短波辐射进入以后，不能及时和有效地返回大气圈以外的真空中去，从而让我们这个地球不能像以往那样以有利于地球上包括人类在内的生物正常生存繁衍下去了——不少科学家都这么认定。尽管在人类出现以前的漫长的地球历史中也曾出现过高温期，但不管怎么说，空气中的废气多了，总是环境恶化的重要推手甚或是凶手吧。曾经一度看好的核电厂由于先有1986年4月26日前苏联切尔诺贝利核电站的核泄漏事件，后有2011年3月11日日本福岛第一核电站的核泄漏事件，让人们不得不关注和担心核能发电的安全问题。于是一些科学家们在政府的鼓励和资助下，主张大力开发水电资源。因为水电似乎是无污染的，是可以永续利用的，而且只要一次性投人便可以一本万利地成为人类服务的自然资源。

泸定的仙人掌和仙人掌果实

然而令人担忧的事情也将会如影随形地出现，那就是江河的“生态断链效应”问题随即而来。

地球上许许多多的生态环境的演替，生物种类的进化，甚至包括人类历史的发展都与江河流域的环境系统密切关联。江河谷地不仅是水流的天然通道，也是一定程度气流的通道、生物物种的通道。大量水生生物物种通过江河的水流系统生息繁衍，许多陆栖动物循水草而生，在江河两岸形成了长期互相依存、互相制约的生物链；不少植物的种子或通过沿江动物有意无意地携带迁移，或经过顺江上下的气流传播而得到种群的扩大繁衍或变异。当然，这是在漫长的地质历史中形成的地球上各种环境系统、生物系统有序的演替规律。这种演替规律的前提自然具有地质环境和地理环境的原始性、天然性和随机性。而今人类却不放过一切为自身利益服务的机会，在江河上寻找、勘查一切可以修筑大坝的地势地形，到处建立“西江石壁”、“东江石壁”、“北江石壁”、“南江石壁”，将本身畅涌无阻的一条条天然的环境通道、生态通

奔腾的怒江

道、生命通道统统隔离起来，封锁起来，“高峡”虽然成了“平湖”，须知“高处不胜寒”，神女起病恙啊！

2006年7月，为“中国人最喜欢的景观大道”科学理念的提出和认证，《中国国家地理》杂志主编单之蔷先生专程来到成都，邀请我和四川大学人文考古学家石硕教授，同时从北京同行的还有地理学家尹泽生、植物学家李勃生等，从成都出发，乘汽车沿318国道川藏公路段进行科学考察。当行至西藏八宿县境内的怒江江边时，只见那满江自然流淌的河水后浪推着前浪滚滚向南流去，两岸崖壁上因江水长年侵蚀而形成的浪蚀斑痕、壶穴、臼坑，无不显示出地质历史岁月的坚韧和执著，再看那陡峭的山石上顽强地生长着一些酸枣、刺梅、黄芪和针茅以及一些叫不出名字的山花、野树和荆棘，它们生长得那么自信，那么沉着，那么稳固，可以说是怒江滋育了它们，它们也在守护着怒江。一阵凉凉的江风从上游刮来，我突然想起了近期有关部门要在横断山三江流域制定水利资源“梯级开发”方案，于是我向各位同行的专家提出了一个所谓的“怒江问题”。

面对从青藏高原的雪山、冰川一路走来，又向南亚印度洋一路流去的源远流长的怒江，我对此行的各位专家朋友谈到了我的想法：

……作为一个自然科学的研究人员，我不是一个纯粹的自然主义者，也不是一位绝对的环保主义者，更不是一个完全反对水利资源开发和工程建设的人，也不是一个在城市中生活一停电就怨天尤人，但却反对在江河上建设水坝电站，尤其反对在山区进行水利资源开发建设的偏执者。我主张每一个国家，每一个地区，在进行必要的开发建设的同时，留下一条或几条江河，流下一座或几座山脉，留下一处或几处湿地，留下一个或几个湖泊完全不进行开发，完全保持它的原始性、野生性和系统性。比如怒江，从西藏那曲的错那湖（黑水湖）开始，一直到缅甸和泰国的萨尔温江，直到进入印度洋的安达曼海，完完全全地任其自然流淌，不建立任何人为的水利设施，已经建立的应将其撤除。为了保障怒江自然环境完全不受人为的破坏和影响，各国政府应确立相关的法案，必要时可以以联合国以及相关的国际组织出面进行协调。为了流域系统内相关的国家和地区，尤其流域内贫穷地区的人民群众也能同步享受到现代文明的成果，可以组织专家学者进行专题科学研究、规划，比如采取风、光、电互补的能源措施，以代替水电能源供应；采取部分移民搬迁的措施以减少因不能开发建设带来的人口压力；采取直升机或高空索道的措施以弥补不宜修建高速公路或铁路等现代交通运输设施带来的不便。关于这些取代措施所发生的一切费用，都应该采取“生态补偿”的方法提供。这些“生态补偿”可以是国内的，也可以是区域国际性的，但更应该建立一种全球世界性的永久补偿机制。因为“怒江问题”绝对不应该只是中国的问题，也不仅仅是缅甸的问题、泰国的问题，而是全人类的问题……当然这里提出的“怒江问题”更不仅仅只是江河的保护问题，而是事关我们人类和所有地球生物朋友赖以生存和发展的一切环境保育的大问题！

希望我们的子孙后代会在任何时候，任何地区，任何领域都能够看到与生俱来的真正的原生态、野性的、自然演替和发展中的生态和环境系统，哪怕是唯一的，只要是活生生的，而不是像恐龙那样仅存于博物馆内的标本！

大渡河的下游已建了一座金口河电站，那是20世纪70年代修建的，已经发挥过巨大的经济效益，但它却阻断了岷江，乃至于长江、金沙江与大渡河之间生态环境的天然交流，这种环境和生物链的断裂和缺失所造成的影响、损失和破坏是永远无法修复的。

地球时针走到2011年3月11日，日本宫城县附近海域发生了里氏9级大地震，位于福冈市海滨的福岛核电站在这次地震中受到严重的影响，发生了严重的核泄漏，污染了大气，污染了土地，污染了海洋，它对于人类的恶性危害到底有多大，截至目前都仍然无法进行一个精准的评估！

有鉴于此，人们回过头来，似乎又认为，和火力发电站以及核电站相比，水力发电站还是有不可替代的优势。火力发电站产生的废气无疑是温室效应——如果真的存在所谓温室效应的话——重要的罪魁祸首嫌疑，也是近年来人们常常挂在嘴边的“雾霾”（准确地讲应该就是霾，而非雾霾）的主要来源之一。而前苏联切尔诺贝利核电站1986年4月26日发生的爆炸事件和福岛核电站受地震影响发生的核泄漏事件，就好像从潘多拉魔盒中逃跑出来的妖魔厉鬼，给我们人类造成了难以愈合的伤害和长时间无法消除的阴影。

怒江峡谷

近年来，根据国家和相关地区的发展战略规划，我们的许多江河流域上的水利工程建设前仆后继，日新月异。就拿大渡河来说吧，继龚嘴电站、铜街子电站和冷竹关电站之后，陆续上马建设和规划上马建设的梯级电站还有瀑布沟电站，深溪沟电站，大岗山电站，猴子岩电站，双江口电站，金川电站，巴底电站等。这些水力发电站的建设投产的确将会给我们人类带来更多更安全的清洁能源，尽管后来的规划设计尽可能地考虑到了生态环境的评价，也许最大限度地将对生态环境的影响降低到可能降低的程度，但是从生态环境的原始性和自然性而言，一些负面的影响总是会有的，有的影响也许是不可逆转的？

地球上已经发生的，或者将要不得不继续发生的这些事件，但愿在若干年、若干世纪以后会由更智慧更聪明的后人们去解决吧，即便那是很难很难解决的问题。

三 营盘古道磨西面

来到大渡河，有两个著名的历史文化景点不得不去，一个是位于雅安市石棉县境内的安顺场，另一处便是位于甘孜藏族自治州泸定县境内的泸定铁索桥。

这是两处既具有古老历史，又具有现代革命传统教育意义的地方。

历史的安顺场和泸定桥

无独有偶，安顺场和泸定铁索桥在20世纪30年代，都是中国工农红军辗转万里北上抗日经过并和围追堵截的国民党军队进行过激烈战斗并取得胜利的地方。同时，安顺场在历史上又曾经是太平天国著名将领翼王石达开为对抗清军围剿战略转移至此，最终又遭清军围击彻底覆灭的地方。泸定铁索桥更是清朝中兴时期，中央政府为宣示

大渡河畔安顺场

泸定铁索桥

对西藏和康藏地方行使主权，开拓和加强汉藏军民交往的川藏通道建设的一个了不起的巨大历史性工程。

大渡河古称若水，也有称之为泸水的。三国时期蜀相诸葛亮渡泸水南征的史迹当在大渡河下游石棉、汉源一带。若水指进入乐山与岷江交汇的那一段。到了唐朝，因为文成公主与松赞干布的和亲，内地与吐蕃人员和物资的往来交流活动日益频繁，主要取道北路而经陕西、甘肃、青海等地进入西藏；经贸往来主要经营项目是内地所生产的丝绸绢帛和茶叶与西藏所产的马匹牲口进行互相的交易。到了宋朝尤其是到了南宋时期，北路被多个部落政权割据，进出西藏的道路便顺势南移，此时的进藏物资除了纺织品之外，更多的则是四川雅安等地盛产的茶叶。于是一条主要从经由四川成都、雅安、天全、荥经、汉源、石棉、泸定而进入西藏的“茶马古道”逐渐形成。到了元、明、清之后，更有中央政府和西藏地方政府的官员、信使、驻军频繁往来。早在元朝还曾一度在沿途设置了19处由政府管理的驿站，到了明朝将驿站增至87处。而泸定、康定则成为川藏茶马古道的交通咽喉地带。于是这条川藏茶马古道便顺理成章地增加了许多商贸以外的政治、军事交流的功能。但由于这条道路地处川、滇、藏横断山脉要冲，山高路险，江流湍急，不时给这些经济、政治和军事的交流活动带来困难，其中泸定境内的大渡河便成为了这条通道上第一道天险关隘。平时只靠竹绳溜索和牛皮伐子作为渡河工具，既不安全也不便捷，于是在清朝康熙四十三年（1704年）三月由时任四川巡抚的能泰向康熙皇帝提交了一道奏折，说“泸河三渡口，高崖夹峙，一水中流，雷奔矢激，不可施舟楫，行人援索悬渡，险莫甚焉！此偕提臣岳昇、龙相度形势，距化林营八十余里，山趾坦平，地名安乐，拟即其处仿铁索桥规制建桥，以便行旅”。奏折中的化林即现今泸定县兴隆镇化林坪村，当时是四川省在泸定的一个驻军地。

颇具战略眼光的康熙皇帝接到奏折后当即准奏，中央政府迅即拨款，于次年即康熙四十四年（1705年）初开始修建泸定铁索桥，康熙四十五年（1706年）五月十五日合拢竣工，真是一桥飞架东西，天堑变通途。从此桥通民生，这个原名叫安乐的小地

乾隆御制碑

茶马古道背夫塑像

方只有几户农家，到了乾隆年间已变成了拥有300多个店铺的乡间场镇了。泸定桥竣工后，康熙皇帝亲自将安乐村改名为“泸定”，并亲自题写“泸定桥”桥名。在此基础上，民国二年也就是1913年便在安乐村设泸定县。从此，这座川藏茶马古道上的通衢索桥所在地就成了大渡河上一个难得的政治、经济、文化中心地。

泸定之所以在中国近现代名扬青史、中国改革开放以后又成了国内外观光旅游者西行必到的地方，这首先又与中国革命的近代历史密不可分。

1935年5月，北上长征的中国工农红军主力部队从贵州、云南进入四川西昌地区后，经石棉沿着当年石达开走过的地方，顺大渡河而上，试图寻找虽然艰苦但可能更安全的道路继续向北前进。因为一旦翻过大雪山，将可能与从通（江）、南（江）、巴（中）川陕根据地突破嘉陵江进入四川阿坝地区的红四方面军会师，这样一来，红军两大主力一旦会师集结，不仅壮大了北上抗日的力量，而且还可能更早地摆脱被国民党军阀部队围追堵截的危险命运。

红军不是石达开。5月25日，在安顺场，熊尚林（中央红一军红一团二连连长）、罗会明（二连二排排长）等十七勇士全力强渡，打通了安顺场渡口，红军先遣团得以兵分两路沿大渡河两岸齐头并进向北疾驰行军。四天后，也就是5月29日下午4时，中国工农红军红一军团红四团在团长杨成武和政委王开湘的指挥下，由二连连长廖大珠、政治指导员王海云等22位勇士组成的先锋突击队冒着对岸扫射

飞夺泸定桥纪念碑

过来的枪林弹雨，匍匐着身体，凭着13条光滑悬空的桥链铁索，仅以三人伤亡的代价，一举夺下天险泸定桥，冲到火光连天的大渡河东岸，为中央红军胜利北上杀开了一条威震敌胆的血路。从此，这里便以红军抢渡大渡河，飞夺铁索桥的英勇史实而名扬中外。

当然，泸定和泸定桥之所以更加出名，还有赖于我们的贡嘎山和贡嘎山下的海螺沟，因为与泸定桥近在咫尺的贡嘎雪山和海螺沟冰川为我们现代人们的科学考察探险，旅游度假休闲提供了一个十分理想的地方。

世外桃源——磨西面

就在泸定铁索桥和安顺场渡口之间的大渡河西岸的群山怀抱之中，有一个宛如世外桃源的地方即“磨西面”。

严格地讲，“磨西面”本来不是一个地名，而是一个专用于磨西台地的地理学名词。

在大渡河的西岸有一个高高的山脊，叫磨冈岭，因磨西台地位于磨冈岭以西，于是这个台地便被叫作磨西，因为台地平展如面，在20世纪二三十年代的科学考察文献中被冠以摩西面或者磨西面（英文拼写为“Moximian”）。

远眺磨西台地

这是一个大约在1万年以前才开始由冰川泥石流作用形成的倾斜台地。

大约1.2万年以前，地球气温突然迅速上升，并促使中低纬度山地冰川大面积快速退缩甚至解体，于是地球地质历史从此进入到所谓的全新世。

对这次全球气候的突然变化，科学上称之为“新仙女木事件”（Younger Dryer Events）。就在这神秘的“新仙女木事件”影响下，大雪山的冰川也开始大规模地融退，融化的冰雪水携带着大量的冰碛、砾石，经过连续或间断的堆积，将大渡河西岸这条半封闭的沟谷堵塞，并形成了一个面积远大于目前十倍以上的倾斜台地，这台地就是“磨西面”，这沟就是雅家埂河—磨西河。形成磨西面的冰碛、砾石堆积的主要物质来源就是位于贡嘎山东坡的几条大型山谷冰川：南门关沟冰川、燕子沟冰川、磨子沟冰川，而名声更大的海螺沟冰川由于方位差异和距离稍远，那时对磨西面的形成似乎没有起到任何作用。

磨西油菜田

磨西老街

磨西曾经是泸定县的一个镇。目前，由于海螺沟景区的开发建设，单列成立了海螺沟景区管理局，直属甘孜藏族自治州人民政府，包括磨西镇和同属磨西面台地上游方向的新兴乡，属县级行政单位。

由于后期的侵蚀、切割，磨西面上起自海拔2300米的烂河坝，下端被磨西两侧支流河谷切割侵蚀而尖没于贡都桥至吊嘴附近（海拔1150米）。目前上下长约18千米，由西向东倾斜，坡度变化在3～8° 间，最宽处在上游新兴镇政府附近可达2.5千米，在磨西镇一带的厚度可达80～100米。磨西面总面积约30平方千米。

就在这一块青山环抱、绿水围绕的磨西面上，居住着汉、彝、藏等民族，居民人口约1万多人。大多数磨西人是近、现代从外地迁移而来的。每当春天四五月之际，磨西四周的山坡上野桃花、杜鹃花、康定木兰花竞相开放，而磨西人也开始了一年中最忙碌的季节。这里土地肥沃，一条人工引水渠自上而下贯流整个磨西台地，一年四季供应着磨西人的吃、喝等生活用水和灌溉农田之用。渠水主要是南门关沟等冰川融水，长年不断，冬天不冻。居民生活用水现在都是通过饮水管道供应到各家各户，龙

保存完好的磨西天主教堂

头一拧，清流中拥冒着白色泡沫，颇有天然矿泉水的品质。磨西出产十分丰富，农产品有水稻、玉米、小麦、黄豆、胡豆、土豆，还出产茶叶、花椒、核桃、板栗、柿子、樱桃等一应蔬菜水果的农、林产品。

古代的磨西，曾经是通往西藏的必经之地，尤其是泸定铁索桥修建之前，从成都、雅安进藏的官兵商贾都是经磨西翻雅家埂抵达康定然后再转道西藏的，因此，磨西一带的山间小路又有“营盘古道”之称。

早年的磨西台地主要居民为汉族，山坡上和新兴乡一带居住着不少从西昌大小凉山迁移过来的彝族同胞。

后来由于泸定铁索桥架成之后，磨西才被逐渐“冷落”下来。

到了抗日战争期间，一批有识之士随着当时国民党首都的西迁重庆纷纷进入四川，一些专业人员就在四川、贵州、云南等西部省区开办实业，发展经济。其中一位姓杨的农技专家便来到了磨西，开办水利，引种先进的农、林作物，他修建的磨西水渠是经过科学考察、精心设计完成的一项堪称“小都江堰”的现代水利工程。时间虽然已经过去了大半个世纪，但至今仍然发挥着巨大的经济效益、生态效益和社会效益。也就是从那时起，更多的人便移民搬迁到此定居下

毛泽东在磨西时的住地

即将修复的另一座天主教堂

来，形成了今天的多民族聚居的磨西镇。

在磨西，两座法式天主教堂格外引人注目。

翻开中国地图，很容易也很惊异地发现从云南到四川、西藏、甘肃和青海几省区交界的山区，竟分布着不少从欧洲（主要是从法国）传过来的天主教和天主教堂。

磨西金花寺

磨西观音寺

磨西新街道

这自然与那段西方殖民主义列强对中国进行文化渗透的历史有关。由于清朝政府闭关锁国政策以及国民党统治时期内战不断，加上中华民族对西方列强军事和文化侵略的反抗和抵制，一些欧洲的传教士便借道中国西部边远落后之乡进行布道传教工作，尤其是法国人，从当时他们所殖民统治的安南（即现今越南人民民主共和国）北上经云南、四川、西藏直达甘肃，磨西天主教堂便是这一时期的产物。

磨西天主教堂在传统的四川西部农村民居的木楼建筑风格中鹤立鸡群，独具特色，显得十分的洋派。磨西有不少老人都是受过洗礼的教徒，因此如今的磨西天主教堂一方面成为来海螺沟、磨西旅游度假者们参观的地方，也是一些信徒们周末进行讲经聚会礼拜的场所。当年红军长征时，毛泽东等主要中央领导曾在此住过。1935年5月29日，毛泽东，朱德，周恩来等红军领导人正是在这里指挥了著名的强夺泸定桥的战役。

除了目前的摩西古镇附近的天主教堂外，在磨西台地的中部皮防医院附近还有一处规模曾经更具恢弘的天主教堂。

在磨西镇的这两座天主教堂最初始建于1918年，是一位法国传教士利用当时中国地方政府因为另外一位法国传教士被杀害赔偿的2000大洋设计建造的。从开始建设到最后竣工前后历经了8年时间。目前，位于皮防院附近的教堂很少有人光顾礼拜，倒是位于磨西古镇街头的那座天主教堂经过多次修缮历久弥新，在磨西镇政府的关心和支持下，在党的宗教政策扶持下，先后从神学院来了两位神父和修女，负责主持教堂的一切事务，附近的教民在生产之余，也按期到教堂听福音讲座，唱弥撒歌做礼拜。

磨西人具有博大的胸怀和有容乃大的包容心态。尽管磨西天主教堂在建造之初存在着许多民族文化上的不和谐不合法甚至西方殖民思想意识，可是随着历史的进步和发展，磨西人取其精华去其糟粕，不仅将磨西天主教堂作为历史文物爱护有加，出资出力出人，而且赋予了天主教在这一方净土上的合法性，使之成为建设地方和谐社会的场所。

磨西天主教堂还是来贡嘎山海螺沟风景名胜区观光旅游者参观游览的重要景点之一。

除了两座磨西天主教堂，在磨西镇和新兴乡还有具有汉传佛教风格的金花寺、观音寺和药王庙。这些寺庙和磨西天主教堂一中一西，中西合璧，中洋结合，相得益彰，既满足了信众们的宗教信仰习俗，又为海螺沟风景名胜区增加了历史文化旅游靓点。值得提醒的是，近年来，国内有人在一些景区景点人为新建一些寺庙佛像，这是不可取的一种文化乱象。无论天主教还是佛教，还是别的什么历史宗教，它的建筑艺术，它的文化赋值，都体现了当年的科学技术和思想意识水平。在当今人类进入可上九天揽月的时代，再去花纳税人的大量钱财，去建一些反映几千年或者几百年以前的寺庙神像，就有些不合时宜甚至不伦不类了。

如今的磨西，随着贡嘎山风景名胜区的建立，尤其是海螺沟现代冰川景区的建设、开发和开放，这里已成了繁华的游人中心，一大批星级酒店如雨后春笋般矗立在这个万年以来才形成的冰水—泥石流台地上，每天接待着省内外、国内外数以万千计的旅游者，当年的营盘古道也由一条现代化的水泥等级路取而代之。在水泥路上奔驰着各种豪华的大巴、轿车和吉普，里面乘坐的自然也不是当年驻守边关的士兵，而是给这深山带来繁荣、带来消费、带来新的理念的八方来客。

四 蜀山之王——贡嘎山

站在磨西台地上向西望去，一排连绵起伏的雪山巍峨耸峙，这，便是横断山主脉大雪山。就在这大雪山群峰之上，有一座终年积雪不化、四周冰川横溢的世界极高峰家庭成员之一——贡嘎山。

我们的诗仙李白在《蜀道难》里，曾咏叹剑门关一带蜀道山势之雄险艰难，其中有句“西当太白有鸟道，可以横绝峨眉巅”，以为峨眉山之高峻入云天；更有诗圣杜甫在《春望》诗中也提到“窗含西岭千秋雪”的四川西部的雪山。近年来成都人干脆就把距成都最近的仅有季节积雪的邛崃山余脉称之为“西岭雪山”。

“窗寒西岭千秋雪”。如果诗圣杜甫的描述科学而准确的话，我宁肯相信唐代的成都人一眼望去的不是现在的所谓“西岭雪山”。因为诗人当时成诗的季节正是

“两个黄鹂鸣翠柳，一行白鹭上青天”的春夏之交的时候，更何况，在古代的唐朝，当时的气候比现在要暖和得多，以至于唐代的壁画和摩崖造像中的美女们大多穿着透薄，低胸裸臂，有人说那是当时政治修明，思想开放的“见证”；我则以为那正是当时气候暖和的表现。事实上，据有关科学研究和文献记载，在唐代，中国平均气温要比现在高出2℃左右。因此，当时唐朝首都长安皇家御花园中还种植有成片的修竹和柑橘，打破了所谓“江南为橘，江北为枳”的柑橘生长分布地域规律；武则天敕令牡丹冬季开花的传说实际上也从一个侧面反映出当时的冬天并不是特别的冷；杨贵妃爱吃家乡涪陵荔枝，而荔枝也不是任何年代都可以在类似涪陵这样的地方得以良好生长的。杜甫看到的西边山体上那“千秋雪”，应该是即使在夏天消融季节也融化不完的冰川群。而现今的西岭雪山仅仅在冬季才有积雪的景象，那么在唐代的成都，如果当时的能见度十分的好，站在某一高处，透过茅屋前面的竹林，所见到的“千秋雪”的“西岭”极有可能是更远更高的四姑娘山或者这磨西面背后的贡嘎雪山。

成都西北距海拔6250米的四姑娘山水平距离不足100千米，西南距海拔7556米的贡嘎山约200千米左右，作为一条高峰所在的山脉，加上四季白雪皑皑，在无任何遮挡物，能见度比较好的晴天中，在200千米的直线距离之内，贡嘎群山完全有可能被诗人看到并即景写人自己的诗作中。

可惜当时由于山高路险，交通不便，我们的诗人虽然已经看到了那一脉有千年积雪的高过峨眉山的更高的山脉却无法前往，也不可能意识到那里有一座或两座早晚会成为蜀中第一峰或第二峰的远远高出峨眉山的更高峰。

这当然不能怪我们的诗人，因为他们不是地理学家，即便是我国早期的地理著作《山海经》或《水经注》中也是在描述“岷三江”之南江（最南的一条支流，也即指大渡河）“出高山”，就是发源于一座高山之

西岭雪山

现在的“西岭雪山”是指邛崃山南部靠近成都一侧的山地，主要分布在大邑、邛崃一线的岷江以西，山脊一般都在海拔3500～4000米左右，最高峰就是海拔5364米的苗基岭。这里曾发育过第四纪古冰川，但那已是距今1万多年以前的事了。

贡嘎雄姿

中。这里的“高山”显然不是专指的山脉，而是泛指比“首大江”（即岷江主流）出“汶山”、“北江”出“曼山”的汶山和曼山都要高大的山，推测这里的高山当指贡嘎山所在的大雪山。

贡嘎山被世人所知晓为横断山第一高峰，或者为蜀中第一高峰的历史只是最近100多年前的事。

贡嘎山的人文历史

贡嘎山的准确名称应该是“磨雅贡嘎”。早在19世纪西方人来这里进行科学考察探险时便在他们的文章中称之为“Minya Gongga”，即磨雅贡嘎的音译。

敦煌壁画中唐朝的党项人贵族

现代羌族人服饰

从磨西出发，沿“营盘古道”西行，经雅家埂，进入康定，再翻折多山，过新都桥镇往南进入吕曲河谷。只见宽浅的河滩映着斜阳，泛射出火一般的光泽，三三两两的石砌碉楼静静地矗立在河岸西侧的阶地上。这里就是羌族——党项人的最早家园。古代羌族——党项人在历史发展的漫长行旅中，一度与更西面的藏族人融合在一起，以游牧生活为主，兼营农业。其语言和藏语有些差异，介于藏语和羌语之间，更接近于藏语。民间大多信奉藏传佛教和西藏古老而原始的宗教——苯教，所用文字也沿袭为藏文。他们喝着酥油奶茶，跳着木雅锅庄，于是自称是康巴地区的“磨雅藏”，那近在咫尺的大雪山主峰也就成了磨雅藏人心目中的神山，即“磨雅贡嘎”。

充分吸收康巴藏文化的党项羌人的后裔现在主要居住在康定、道孚、九龙、雅江等部分地区。

贡嘎山地处泸定、康定、九龙和石棉四县的交界处，石棉属于雅安市，而泸定、康定和九龙则属于甘孜藏族自治州。

甘孜是我国第二大藏族聚居地——康巴藏区的主体地带，俗称康区或康巴地区。

但甘孜地区文化历史渊源则可以追溯到更远的新石器时代以前。汉朝司马迁的《史记》就曾记述说：黄帝之子昌意“降居若水”。若水就是纵断甘孜的大渡河，这无疑表明甘孜地区早在4000多年以前就与中原的黄河、长江文化有了十分密切的关系。

在漫长的人类活动历史中，贡嘎山所在的横断山地区是一个非常独特的地区，居住在这一带的民族，与四川盆地的古蜀文明虽有交流，由于山高谷深，也具有一定的封闭性。其中在炉霍县境内发现的数以千计的石棺葬以及石棺葬内出土的骨器、青铜器、玉器、金器和陶器等文物，有的与东邻的成都三星堆、金沙文化有异曲同工之妙；有的则反映了独有的高原游牧文化特质，比如青铜牛头饰和纯金羊头饰、青铜骑马牧人象等。

炉霍县出土的彩陶双耳罐

炉霍县出土的青色鼓钉双耳壶

炉霍县出土的青铜钺

炉霍县出土的青玉石斧

初步研究认定，甘孜石棺葬人可能是出现在这一带最早的具有相当文明程度的部落。到了魏晋以后，先后在这一带居住过诸如附国、多弥、党项、白兰、千碉、东女等十多个族群部落。到了唐代，中央政府在甘孜阿坝境内曾设置过100多个行政管理的派出机构，分别由雅州（现雅安市）和松州（现松潘县）两都督府统领。而藏传佛教等藏文化对甘孜地区的影响也才是吐蕃王朝统一西藏以后的事。

元朝统治中原后，在甘孜地区设宣慰司都元帅府，同时分封各部落头领为宣慰司、宣抚司、招讨司和千、百户等官职，甘孜地区才开始了相对统一的土司制度。这种土司制度一直沿袭到了明清时期。

到了1912年的中华民国元年，在康定设置镇抚司，管理川边的军政民事。1913年将甘孜划为川边特别行政区，直接隶属于民国政府，将原来的府、州、理事等一律改为县治，由川边镇守使统管，归四川都督府领导、节制。

1939年即中华民国二十八年元月一日正式成立西康省。西康省包括现今的凉山州、雅安市、甘孜州和西藏的昌都地区。但在这期间，甘孜地区基层社会的土司制度仍在起着很大的控制作用，一些中央和四川以及西康省的军、政命令仍然要通过土司的社会网络才能得到政通令达。

新中国成立后的1950年11月25日，中央批准成立西康省，辖区主要为甘孜地区，

甘孜州州府所在地康定县县城

1955年3月改称为西康藏族自治州，同年10月更名为四川甘孜藏族自治州至今。

康定县高山湖木格措

目前甘孜藏族自治州辖有18个县和一个管理局，即：康定、泸定、丹巴、九龙、理塘、得荣、乡城、稻城、白玉、新龙、色达、炉霍、德格、巴塘、甘孜、道孚、石渠、雅江和海螺沟景区管理局。

贡嘎山丰富的自然资源

德格县雀儿山

甘孜地区是一个资源十分丰富的地方，它拥有丰富的气候资源，一山有四季，十里不同天，从干热河谷，到永久冰雪带；从阵阵季雨，到雷电冰雹；从寒风凛冽，到霜花满树。森林区和冰川区的年降水量高达1500～3000毫米。大部分地区的日照则高达2000小时以上，比四川盆地高出1000多小时。区内年平均风速为2～3米/秒，比成都平原多出1倍以上。8级以上（风速大于17米/秒）的大风日数在40天以上，是东部平原区的10～20倍。至于降雪天气更是甘孜地区的“专利”，每年下雪长达180多天。

千万别小看这些可能有时会让人头疼的气候资源！

正是高强度的降水才孕育了四川省以贡嘎山为中心的主要天然原始森林；正是丰富的降雪才形成了四川以贡嘎山为中心的最大的冰川分布区；正是丰富的降水和丰

贡嘎虹韵

富的太阳辐射才形成了四川以贡嘎山为中心的最大的草原牧区。也千万别小看这里的风光雷电和冰雪严寒，在人类发展的未来，这些丰富的风能、光能、热能、冷能早晚会成为我们这个社会最为宝贵的资源，而且是没有污染，可以重复利用的能量资源。说到冷能，大概目前很少人知道这个概念。人们或许对于什么是热量或者热能的科学定位更为熟悉。所谓冷能，一般是指低于零度的气候环境以及冰川、积雪、冻土、海冰、河冰和低于零度的海水（海水在盐分的影响下水温常常低于零度）所拥有的负温能量。曾经有科学家设想，将冬季的“冷能”储存起来，到了夏季转化成消暑降温的能源；也有科学家设想，将各种冷能收集起来制作成“冷能电池”，用于某些需要降温的工业领域。但是如何将地球上大量的冷能资源控制起来，形成新的能源产业，目前似乎仍然属于一个重大的科学难题。

水资源是甘孜地区十分重要的资源。俗话说山有多高，水有多长。对于甘孜来说，有山高水多之利。其年平均径流量，也就是地表水资源为641.8亿立方米，而作为水资源重要组成部分的地下水也高达218亿立方米，相当于地表水的三分之一。

此外，甘孜州地区还有星罗棋布的高山湖泊1000多个，水域面积达150多平方千米，更有雀儿山、贡嘎山等不可多得的固体水库——现代冰川。通过金沙江、大渡河和雅砻江由上游相邻省区进入甘孜地区的江河水总量达到240亿立方米。

景　观

景观是从地理学上对于地球表面一些地形地貌体的概念综合认定。比如河流地貌景观、山地地貌景观、喀斯特地貌景观、森林景观、湖泊景观等等。当这些地貌景观一旦被人类纳入旅游、休闲度假的游览、观赏的对象后，我们便可称之为“旅游地貌景观”。因此，许多景观资源都可以变成旅游景观资源。

水资源是一种受控于长年气候变化，于地球生命系统、生态系统、环境系统不可或缺的资源，既可滋育各种生物，灌溉农田，还能蓄水抗旱，调节气候，筑坝发电。甘孜州仅大渡河、雅砻江和金沙江所蕴藏的理论水能资源可达3700万千瓦的发电量。

资源对甘孜地区的贡嘎山来说，十分丰富，讲三天三夜都似乎讲不完、道不尽，除了前面提到的相关资源，还有生物资源、矿产资源、地热资源、景观资源等。

甘孜州堪称景观资源集大成者。

从某种意义上讲，景观资源就是旅游资源。

贡嘎山就是甘孜州最突出、最典型、最难得、最宝贵的旅游景观资源综合体。随着海螺沟冰川森林公园的开发建设，以及州内相应的配套旅游基础设施的完善和齐备，作为州内主要旅游资源以及州内旅游资源的强有力的支撑性旅游资源的“母体”，贡嘎山将越来越显示出蜀中第一高峰、横断山最高峰、青藏高原东缘极高山体的无穷生命力和无限魅力。

贡嘎山目前在地图上的海拔标高为7556米，在世界上极高峰家族中的排名为第19位。在20世纪80年代初期，中国科学院横断山自然资源综合科学考察队在考察贡嘎山期间，由当时的中国科学院兰州冰川冻土研究所测绘组承担了贡嘎山地区冰川地形图

情海仙境

的测量，应用地面和航空摄影联合测量的技术方法，绘制了贡嘎山主峰周围440平方千米的冰川图，并且用交会测量方法直接测定了贡嘎山主峰的地理坐标和海拔高程。经过周密细致而且科学的计算，结果发现这座蜀中第一峰的海拔高程为7514米，这与原先的海拔高程（7556米）相差42米，并被标在了正式出版的《贡嘎山冰川图》上。但按照我国有关规定，有关地名、海拔高度的确定应该根据国家测绘局认定、发布的消息为准，所以目前贡嘎山的海拔高度仍被公认为7556米，但从中我们却可以知道，有关贡嘎山海拔高度的数据还有变更的空间，也许比7556米要高，也许比这个数要低，但无论如何，也不会改变其为蜀中第一峰乃至于横断山最高峰的排名地位的。

位居世界极高山家族重要成员的贡嘎山，以海螺沟为典型代表，以巨大的海拔高差独立特行于青藏高原和四川盆地之间，春天繁花似锦，满目芳华；夏天雨林蓊葱，绿浪翻滚；秋天层林尽染，水墨泼洒；冬天雪被如银，天地一家。真是春天看花，秋天看画，夏天观绿，冬天赏雪，更有冰川为伴，温泉怡情，一年四季总是山色空濛，色彩缤纷，成为名符其实的天府之国的后花园。

五 涌绿叠翠海螺沟

20世纪70年代参加著名的中国科学院青藏高原自然资源综合科学考察时，我在西藏东南部的波密县易贡乡发现那里有一条大型山谷冰川，发源于一条叫卡青弄巴沟的上游，冰川长度达到35千米，冰川面积为151平方千米，冰川末端海拔下伸到2600米。这里气候温和，森林密布，野生天麻遍地都是，野生的木瓜挂满了树枝，顽皮的猕猴在林中嬉戏，蝉鸣声此起彼伏，不时可见一些蛇类出没于路旁草丛之中。在距冰川末端不远处的易贡农场，玉米、茶叶、苹果、核桃长势良好，一片西藏江南风光……

在西藏东南部，岂止一条卡青冰川，更有察隅县的阿扎冰川，米林—墨脱县之间的南迦巴瓦峰四周的冰川和加拉白垒峰东坡的冰川，无一不是伸入到郁郁葱葱的原始森林之中，冰川融水浇灌着原始森林，原始森林围绕着现代冰川，是那样的彼此对立，那样的互相矛盾，那样的不可思议，然而又是如此的和谐，如此的神奇和自然。

海螺沟原始森林与现代冰川

就是这种海洋性冰川的自然景观，在我们天府之国的四川，在我们蜀中第一高峰所在的海螺沟，在这蜿蜒而下的海螺沟冰川区，也有同样的表现，而且这些表现更完备，更系统，更神奇，更自然！

海螺沟冰川发源于贡嘎山东坡，20世纪80年代末的长度为14.7千米，经过将近30多年的变化，目前的长度退缩到了13.1千米。高悬云际的冰川积累区延展在贡嘎山东坡的陡壁之下，形成了一个圈椅状的积累盆地，在盆地的边缘，坡度突然变陡，一泻千米的冰流以气势磅礴的冰川瀑布将源源不断的冰雪物质带入冰川的消融区，几经曲折，几经变化，形成了海螺沟冰川宽大、平缓的冰川舌。在两边浓密的杜鹃林、云杉林和冷杉林的簇拥中，海螺沟冰川舌流向了海拔为2900多米的城门洞，并在那里静

海螺沟冰川舌

静地停了下来，以它那千年的雪、万年的冰融化成的水汇成了溪，形成了河，再用这河流中源源不断的水去浇灌海螺沟沿岸的森林，为海螺沟的温泉提供了永不断流的水源，为海螺沟和海螺沟下游更远地区的生态万象、生命万物输送着源源不断的母亲乳汁般的营养源泉。

与海螺沟相邻的磨西面自不消说，就是海螺沟沟内，村庄一个接着一个，共和村、湾东沟，河谷山坡都居住着世代勤劳善良的汉家人和彝家人。

在这些民族互融交合的农家的房前屋后，沟谷的里里外外，山坡的上上下下，云杉、冷杉、铁杉、红豆杉等暗针叶林浓郁翁葱；还有那翠绿的芭蕉、挺拔的棕榈、修秀的竹林四季常青；更有桑树、茶树、核桃、板栗、樱桃、枇杷、柿子、野生猕猴桃和野生木瓜树春华秋实……这几年，中国科学院成都山地灾害与环境研究所派往海

螺沟景区管理局任职的张丹研究员在海螺沟景区管理局和甘孜藏族自治州政府的大力支持下，正在磨西面和海螺沟等地进行有关金银花和玫瑰花的规模种植试验，一旦成功，不仅可以成为当地农户经济转型、产业结构调整新的推手和更好的平台，还可以为游客提供海螺沟景区几多人为新添的植物生态花卉观赏资源。

要知道，这里的村寨和村寨里的居民，这里的植物，这里的动物，这里的作物，有一个共同的邻居，那就是冰川，就是叫作海螺沟的现代冰川啊！

一条冰川并不稀奇，并不神秘，在中国西部高原高山地区，总共分布有将近5万条现代冰川呢；村庄山寨和村庄山寨四周的棕榈、竹林和芭蕉也并非少见的景观，在中国的南方、在中国的长江流域，尤其在中国西南地区的云南、四川更是随处可见。可是令人匪夷所思的是，在磨西，在海螺沟，一条白色的、无生命的、冰冰冷冷的冰川竟然与绿色的、有生命的，而且总是生机勃勃、热气腾腾的生命环境、生物系统紧密地镶嵌在一起，互为依存，彼此照拂，共生和谐。虽然海螺沟冰川是一条没有生命

与海螺沟冰川近在咫尺的棕榈树

世外桃源般的海螺沟村落

的无机物冰雪集合体，但正由于它的存在，才有了海螺沟及海螺沟周围地区那千变万化的无数的生命体得以世世代代、轰轰烈烈地繁衍下去，至少，有了海螺沟冰川的存在，海螺沟的生命万物生长得更好，繁衍得更顺畅。这是多么神奇然而又是如此自然的客观现象啊！

不得不多用点文字来赞扬海螺沟的茶叶。

四川是中国茶叶人工培育最早、也是规模最大、最早出名的地方之一。雅安名山县蒙顶山的茶叶早在唐代就在《茶经》一书的作者陆羽的推荐下成为宫廷贡品。唐代大诗人白居易也有“扬子江中水，蒙山顶上茶”的名句。从318国道一经名山境内便被蒙顶山茶园那浓浓的茶香浸润得不能自已，整个空气中全然飘拂着“黄芽”、“毛峰”和“云雾”的郁馥之香。

当你一旦进入海螺沟，一边泡着沁人肌肤的天然温泉，一边观赏着四周白雪皑皑的高山峻岭，同时再品茗着用海螺沟冰川矿泉水冲泡的海螺沟当地出产的海螺沟清明茶时，真有入仙入之感，一切旅途的困顿，一切世上的虞诈荣辱通通随着冰川上面的雪风和温泉水面的氤氲湿气以及茶叶的沁脾飘香远你而去。

海螺沟真是出好茶的地方。

海螺沟一年之中有250多天处在云蒸雾蔚之中，降水量高达1000毫米以上，年平均气温约15～18℃之间。夏季有冰川的调节气温不太高，冬季也由于有冰川的调节气温也不太低，加上土壤母质更与冰川作用有关，来自于不同的岩石成分，营养丰富，不缺乏各种生物体中所需要的微量元素和各种人体所需要的矿物质。在这种气候环境之下生长出来的茶叶当然就具有质优味香等与众不同的品质。

长期以来我本不饮茶，尤其是长期的野外高山冰川考察，唯恐饮茶后失眠睡不好觉，睡不好觉那第二天更艰苦的考察工作一定会受影响，所以偶尔饮茶竟会有醉茶的难受之感。后来到了海螺沟，走路走得累了，爬山爬得渴了，偶尔就近在路边采上几

茶叶

板栗

核桃

野生猕猴桃

樱桃

秋柿

片嫩绿的茶叶送进嘴里咀嚼，开始有些苦涩，随后有一些蜜甜，然后便是满嘴的清香，于是浑身开始有了更大的劲头，腿脚有力气了，精神更旺盛了，路也走得快了，山也爬得更兴奋了，不多大工夫，一片云海就被我踩在了坚实的双脚之下……

慢慢地，我学会饮茶了，开初少一点，后来不知不觉地竟每天都要喝上好几次茶了，即使是晚上睡觉前反倒是不喝茶就睡不着。用海螺沟冰川融水冲泡的海螺沟清明茶，近年来成了我的至爱，成了我少不了、离不开的好朋友。

海螺沟除了质优味香的茶叶，其他农副产品比如板栗，个大味甜，核桃皮薄仁满，土豆沙面有加，玉米糯而不黏，就连不经意丢一粒佛手爪的种子在路旁沟边，秋后也会硕果累累，压满藤蔓。

海螺沟桢楠

海螺沟桦树

六 郁闭的原始森林

近在咫尺的大渡河，要是单凭自然生态，而不是世代的农业耕作，河谷两岸由于前面提到过的“焚风效应”，一定是土枯草疏，一片荒凉景象。可是一进磨西，一进海螺沟，随着海拔的升高，沟内的植被突然判若别样，沟上沟下全部是遮天蔽日的原始森林。曾几何时，即使人类的进入，甚至遭到人类过度地砍伐，但海螺沟中上游谷地和两岸的山坡上仍然树木森森。这倒不是其他什么原因，只是十分幸运的是，我们的森工工人的利斧刚刚伸向海螺沟林区的时候，中央就实施了长江上游天然林保护工程（简称“天保工程”），海螺沟和长江上游其他林区一样终于幸免于难。

自从1998年实施“天保工程”项目后，不仅在长江上游停止砍伐，而且大面积退耕还林，退耕还草，退耕还牧，凡在坡度超过25° 的山地一律停止农耕，短短的十年

山色空濛雨林奇

时间，大渡河河面上没有了漂木，山区公路没有了运输木料的车辆，绿色的面积在迅速的扩大，森林得到大面积的恢复，横断山又渐渐地复活了生气。俗话说百年树木，其实只要十年之内停止砍伐，加上人工造林，大自然自然就会给人类还以绿的颜色。大渡河可以作证，横断山可以作证，海螺沟可以作证。

据统计，目前我国陆地森林覆盖率已经达到了将近20%，这对于经历了20世纪50～70年代的过度砍伐浩劫的中国而言，真是了不起的进步。我们的海螺沟，我们的贡嘎山应功不可没！

海螺沟秋韵

海螺沟冰川雨林

如今的海螺沟，更是林深叶茂，满山的翠绿，满沟的生气。

贡嘎山地区未遭砍伐的原始森林为130089公顷，森林覆盖率为31.8%；经过十多年的生态修复，森林覆盖面积扩大了20%以上。海螺沟的原始天然林面积就达6076公顷，森林覆盖率更高达46%。1996年之前，1号营地未修公路的时候，当时进山考察或步行或骑马，在密林小道中穿行。由于林深叶密，许多时候天空出太阳我们却见不着光线，天上下小雨我们却淋不着雨水。山风袭来，林涛阵阵，阳光或雨珠才会在被山风掀开的树冠叶盖裂隙之中飘洒下来。弯曲而陡峭的山道中生满了厚厚的苔鲜以及破土而出的竹笋、野菌和肥嫩的蕨菜。随着季节的不同，林中的杜鹃、珙桐、线菊和木兰或含苞欲放或繁花压枝，此谢彼开，竞相展示着自己那绝世的娇艳。

自从成立海螺沟景区管理局后，干部职工和民众对景区的人工绿化蔚然成风，自觉参加植树造林活动似乎成了不成文的制度。每当冬末春初万物复苏的季节，人们就会自动寻找那些沟边路旁的空地荒地，栽上几颗松树柏树或者木兰银杏。如果有人出差在外，也要打电话嘱咐别人帮忙多栽几棵自己心仪的树种。

老茎生花

幽闭的原始森林

七 动植物的基因库

从磨西出发，要是步行，只需三个半小时便可抵达海拔1900米处的1号营地。不过现在沟内交通条件大为改善，水泥路面十分平顺，虽然也有不少弯道但大部分路段都可以双向行驶车辆，如果乘车，那么半个小时即可到达1号营地。1号营地以下的海螺沟区域，以农耕生态为主要景观，1号营地以上的海螺沟纯属原始森林生态区域了。站在1号营地向下游望去，只见群山如阶梯似的渐行渐远、渐行渐低，梯地上农舍村寨在竹树的掩映下飘出袅袅炊烟，极远处一道如黛的山脉横亘在沟谷的尽处，翻过那道并不高的山梁，便是大渡河谷了。从1号营地向海螺沟上游望去，只见呈“U”字形的冰川谷地两侧层林相叠，瀑布飞溅，山势更是一层高过一层直插苍穹，直接云天。云天尽处就是那横断青藏高原东缘的贡嘎山主峰峰体了。

海螺沟垂直地理带

海螺沟与大渡河交汇处海拔1200多米，那里距贡嘎山主峰水平距离29千米。在如此近距离之中，海拔高差竟达6400米左右，这也只是在我们的青藏高原周边地区才有见怪不怪的自然地理现象。

就在这不足30千米的水平距离内，由于存在着6400米的海拔高差，于是形成了以亚热带生态、气候、土壤环境为基带的完备的贡嘎山山地垂直自然地理带谱。

从大渡河一路进山，依次可以领略到海拔1200～ 1500米的亚热带半干旱河谷稀疏灌丛带，海拔1500～ 1900米的亚热带常绿阔叶林带，这两个自然带内又为适宜于人类生活生存的农耕生态复合带。海拔1900～2600米为亚热带山地常绿阔叶、落叶阔叶与针叶混交林带；海拔2600～3000米为暖温带针、阔混交林带；海拔3000～3800米为寒温带暗针叶林带；海拔3800～4600米为亚寒带灌丛草甸带；海拔4600～5000米为寒带疏草寒漠带；海拔5000米以上为永久冰雪带。也就是说，在海螺沟，一路走来，人们可以观赏到典型的亚热带到南、北两极的气候、植被和自然地理环境的风光！

贡嘎山在我国乃至亚洲都堪称一个代表性极强的高山自然、生态和环境综合体。

海螺沟丰富的生态环境

珙桐树

高山大黄

野生木瓜树

大百合

鳞叶龙胆

云南金莲花

它的植物区系成分复杂，既具有喜马拉雅植物区系，又有中国—日本植物区系和北极寒带以及寒温带植物区系，以及它们与亚热带植物区系相互渗透的区系分布特征。因此作为难得的动、植物物种基因库，它的物种资源十分丰富。据几十年科学考察初步认定，在整个贡嘎山地区，野生植物达4880种。其中维管束植物185科，869属，2500种；种子植物156科，818属，2380种；野生脊椎动物350种。其中兽类动物100种，鸟类动物220种。在这些丰富的动、植物中间，还发现一批原生、古老、孤立和原始孑遗珍稀植物100种，珍稀动物30多种。

珍稀植物中有不少属于国家一、二、三级重点保护品种，比如红豆杉属于国家一级保护植物，连香树、星叶草、独叶草、水青冈、杜仲均是国家二级重点保护植物种类。麦吊杉、黄杉、大叶柳、领春木、桃儿七、青檀、羽叶丁香、雪山一枝篙、厚朴、西康木兰、康定木兰、白辛树、延龄草等则为国家三级重点保护植物；类似水青冈、独叶草、星叶草、领春木等植物已经在这块土地上生长、延续了近亿年的历史了！

杜　鹃

杜鹃花也是海螺沟冰川区附近种类繁多，景观最美的一种花卉植物。

在海螺沟，一到春天就可以欣赏到各种杜鹃花儿竞相开放。杜鹃的花期从每年的4月可以一直延续到六七月。在海拔3000～3500米的地方，正当杜鹃花层层爆开的时候，往往在一场鹅毛大雪后又会呈现给人们雪花和杜鹃花争奇斗艳互为衬托的自然奇观，令人真假莫辨，欣喜无限。

杜鹃花科的杜鹃花属在全世界大约共有960种左右，我们中国就有600多种。这是一种种类繁多的植物王国中的大家族。

杜鹃属植物多为灌木，少数为中小乔木。生长在海拔4200米左右的密叶杜鹃和米叶杜鹃，植株高度仅仅10～50厘米左右，而生长在海拔3500米左右的大叶杜鹃树高可以达到30米以上。由于中国杜鹃花种类繁多，富丽华贵，早在19世纪末，不少的英

雪山脚下映山红

海螺沟景区高山杜鹃

国，法国等西方探险家来到云南、四川和西藏毗邻的横断山区，将数以百计的杜鹃花种类的种子带回欧洲进行栽种培育，并且取得了成功。

杜鹃花是组成贡嘎山旅游景观的重要资源。据不完全观测统计，贡嘎山杜鹃花共有68种，其中63种为中国特有种，24种为贡嘎山地区的特有种。有许多花形和树形都特别美丽的杜鹃，比如隐蕊杜鹃、光亮杜鹃、毛蕊杜鹃、千里香杜鹃、永宁杜鹃、毛瓣杜鹃、草原杜鹃、直枝杜鹃、密枝杜鹃、淡黄杜鹃、粉紫杜鹃、黑鳞杜鹃、兰紫杜鹃等数十种珍稀杜鹃在地质历史环境的演替中

杜 鹃

杜鹃（*Rhododendron simsii* Planch.），又称杜鹃花，山踯躅，映山红，艳山红。彝族叫索玛花，藏族称为格桑花，朝鲜族则称之为金达莱。“*Rhododendron*”就是希腊文“*rhodon*”（蔷薇色）和“*dendron*”（树木）组成，意思就是开红色花儿的树木。

杜鹃属植物，尤其是许多乔木杜鹃花是我国的特有木本花卉品种，主要分布在西南各省区山地，尤其是我国藏东南和横断山一带是杜鹃花的主要原产地。汉代《神农本草经》，明代李时珍《本草纲目》都对杜鹃有专门表述。

都自然地聚集在贡嘎山地区，成为人们研究、考察、观赏杜鹃花聚会的大观园。

松科植物

松科植物既是构成贡嘎山原始森林的优势群落，更是生态演替的顶级群落，尤其是贡嘎山原始森林针叶林的主要组成群落。

在贡嘎山的松科植物主要表现为生长在亚高山地带的冷杉（*Abies*）、云杉（*Picea*）。贡嘎山有6种冷杉和2种变种冷杉。云杉在贡嘎山有6个种和1个变种。像康定云杉（*Picea montigena*）、鳞皮云杉（*Picea retroflexa*）则只有贡嘎山才有分布。

在贡嘎山浩瀚的高山和亚高山针叶林中（海拔3600～4000米之间），随处可以领略到黄果冷杉、云南黄果冷杉、长苞冷杉、急尖长苞冷杉、岷江冷杉、川滇冷杉以及川西云杉、丽江云杉、黄果云杉、白皮云杉、麦吊杉（*Picea brachytyla*）和红杉等那高大挺拔的雄姿身影。

川西云杉为横断山地区特有的森林类型，它们遍布西藏东南部和四川大雪山以西的广大地区，形成大面积原始森林，在贡嘎山也是分布最广、面积最大的类型。

海螺沟铁杉林

铁　杉

在2200～2600米之间为针叶阔叶混交林，这里蝴蝶飞舞，蝉鸣声声，端直粗壮的铁杉（*Tsuga chinensis*）是这一带森林的优势树种，真所谓顶级群落树种中的“铁老大”。此外，还伴生着同样丰富的以槭树和桦树为主的阔叶树种群。要是在夏季，放眼望去，深绿、浅绿相嵌的铁杉和槭树、桦树高低错落，层叠互间，山风吹拂，万顷碧浪，此起彼伏，发出一浪高过一浪的吼啸声，那壮观、气势的场景，让人们的心灵获得无比的震撼和陶冶。要是在秋季，铁杉变得更加深蓝，但槭树、桦树则变得深红金黄，林相呈现出五彩缤纷的壮丽景色，让人们感到那才是大自然无穷变幻的奥妙之所在。

松　科

就全球而言，松科（Pinaceae）植物可分为3个亚科10个属，共230个种，主要分布生长在北半球。除了人工栽培的变种或亚种之外，我国共分布有9个属89个种和27个变种，四川有9个属，35个种和8个变种，而在贡嘎山地区至少有6个属18个种和6个变种。

在海螺沟茂密的原始森林中，格外引人人胜的景观很多很多，但最先也最容易映入视野的一是麦吊杉，再就是红豆杉。

麦吊杉

有“树王”之称的麦吊杉，其絮状的叶形酷似倒垂的麦穗而获其芳名。

麦吊杉一直在四川盆地的北面大巴山、米仓山和秦岭广泛分布。在植被的演替传播中，通过岷山和邛崃山地地形走廊，这些外形美丽的树种也“移民”来到了大雪山、贡嘎山一带安家落户。由于特殊的冰川气候环境的滋育影响，海螺沟的麦吊杉出落得尤其高大健硕。可以这么讲吧，在一片浓密的原始森林中，要是认不出哪棵是麦吊杉，只需找那些个头最高的、体魄最粗壮的树，十之八九那便是麦吊杉树了。当然，最主要的特征必须要认准那密如维吾尔姑娘的辫子般的麦穗形倒垂的杉叶，它们是识别麦吊杉树的最权威的标志。

贡嘎山是我国麦吊杉树分布的最南界。

记忆中，在我国的新疆似乎也有类似麦吊杉这样的树形、树种分布。1977～1978年，我参加中国天山最高峰托木尔峰登山科学考察时，在托木尔峰东坡台兰冰川末端附近的森林中，见到同样高大挺拔、挂满了同样类似维吾尔姑娘的辫子，也像麦穗一样的倒垂的杉叶的杉树，当时有植物学家告诉我说那叫“孔雀杉”。因为那些广泛生长在天山南坡山麓中的杉树的叶形又酷似孔雀羽毛，其实在我这个酷爱植物，但并

海螺沟麦吊杉“树王”

非植物学专家看来，麦吊杉杉叶则更像天山森林中的孔雀杉的孔雀羽毛形状，而且那名字似乎更漂亮、更浪漫一些。可惜写这段文字时暂时无法请教植物学专家朋友，到底天山托木尔峰的孔雀杉和贡嘎山的麦吊杉都有哪些异同点，不过我想差别是肯定的。因为在天山托木尔峰海拔2600米的原始森林中，那孔雀杉树枝上可以渗出一种树脂，味如蜜糖，当地哈萨克和维吾尔牧民一边放牧，一边从孔雀杉的树枝上采集那状如松香的树脂，或直接食用，或泡水冲服，据说可以明目润肺。我曾亲口尝过，的确香甜可口，沁人心脾，和蜂蜜的味道差不多，这到底是从孔雀杉树体内渗出来的树脂，还是类似森林中某种昆虫借孔雀杉树酿造出来的蜜汁，一直是我心中不解的一个谜。到了贡嘎山海螺沟，一看到麦吊杉，我以为可以在麦吊杉树体上也可以找到这种能够取食的“树脂”，但是令我大失所望。虽然也发现了麦吊杉树身上有许多树脂，可是那味道却是又苦又涩，根本无法食用。看来天山托尔木峰的孔雀杉和四川贡嘎山的麦吊杉也许同科不同属或者同属不同种吧！

海螺沟的麦吊杉成片成林地分布在海拔2400～2800米的亚高山地带，从下到上年平均气温在5～8℃之间，最冷的1月份平均气温为−2.5℃，年总积温为200～1500℃，年降水量在1500毫米以上。贡嘎山麦吊杉主要生长在冰川作用过的冰碛风化土壤之中，土壤类型丰富，什么黄棕壤、棕壤以及暗棕壤都可以是麦吊杉赖以生长的优良土地基础。

麦吊杉外貌呈深绿墨蓝颜色，林冠覆盖面积比较宽，郁闭度高达0.7左右，树高多在35～45米左右，最高可达50米，胸径多在50～100厘米之间，海螺沟海拔2750米左右有一棵麦吊杉“树王”，胸径宽达3米多，高度达到60多米，树冠覆盖面积达到1000平方米左右。

海螺沟的麦吊杉在针叶林和针阔混交林中都是位居乔木最高层，其次才是高约20～30米的铁杉、糙皮桦以及一些槭类阔叶树种，以下第三层才是高约7～10米的川滇花楸、星毛杜鹃等小乔木构成。近地层还有高约2～4米灌木林。灌木层主要由冷箭竹（从严格分类学意义上讲，竹类应该属于草本植物）、问客杜鹃、银叶杜鹃、绣球、悬钩子、荚蒾、忍冬、吊钟花等组成。再下则是一些草本植物见缝生长。常见的草本植物有鳞毛蕨、分株紫萁、蟹甲草、鹿药、东方草莓、高山露珠草、龙胆草、早熟禾、黄三七等。由干林地十分阴湿，在贴地层还生长着大量的藓类植物和地衣，比如塔叶藓、曲尾藓、薄齿藓、并齿藓、桧叶金发藓、平藓、万年藓、山羽藓、锦丝藓、赤茎藓、毛梳藓等。还有不少黄、红、紫、粉等各样各色的蘑菇。一场雨水过后，这些美丽的蘑菇们像变戏法似的从腐叶里，从树根树皮上争先恐后地冒了出来。

可别小看了这些林下各层植物、菌类群落，正是它们以快得多的生长周期将空气中、土壤中和雨水中的养分吸收，转化成更适合“人高马大”的上层乔木所需要的营养成分，要不那些高高在上的麦吊杉如何才能“衣食无忧”地雄踞在这起伏连绵的林海之上呢？

红豆杉

到了贡嘎山，尤其在海螺沟，要观赏珍稀植物，还不得不提到国家一级保护植物——红豆杉。

漫长的地质演变历史让贡嘎山具有十分复杂多变而且优越的生态环境和地理条件，这些地理条件和生态环境给一些古老稀有的动、植物的孑遗保存提供了必要的生存空间。

贡嘎山地理考察和横断山自然资源与环境的综合科学考察，初步查清了贡嘎山地区有34种珍稀植物，其中确定为第一批重点保护的植物达19种之多。

贡嘎山一部分珍稀植物从300多万多年以前的第三纪就在这一地区生存、繁衍，这些古老孤立的原始植物类型携带着地球这一方水土一路走来的各种已知的未知的信息，只要你愿意倾听，它们会用自己身体的每一部分，用自己的枝、自己的叶、自己的花、自己的果实向人类展示和诉说它们在漫长地质和生物历史演替进程中的艰辛与快乐、烦恼和自豪。

红豆杉种类

在世界上，红豆杉共有11个种，但原始种群数量很稀少。我国红豆杉属植物有4个种1个变种，即中国红豆杉〔*Taxus chinensis*(Pilger) Rehd〕、东北红豆杉（*Taxus cuspidate* Sieb.）、西藏红豆杉（*Taxus wallichiana* Zucc.）、云南红豆杉（*Taxus yunnanensis* Cheng）和美丽红豆杉（变种）（*Taxus chinensis* (Pilger) Rehd. var. *mairei*）。

贡嘎山红豆杉属于中国红豆杉的一个种，是一种与其他任何杉树不同科的植物，虽然也叫杉，但其他杉树都是属于松科植物，而唯有红豆杉树属于红豆杉科红豆杉属。把红豆杉叫作“杉”其实是极其不准确的说法。在海螺沟，红豆杉是一种生长在海拔1600～2400米一带的常绿乔木，树高可达5～15米，生存环境特别好的地方，它们的主干可以高达20米以上。红豆杉的胸径也和树高一样差别很大，小的植株胸径仅仅十来厘米，大的胸径可达0.8米，但在贡嘎山目前似乎还没有胸径超过1米的单株红豆杉的报道。

红豆杉属国家一级重点保护植物。在我国的东北、华南和西南地区都有分布，不过各地的红豆杉的种属都有一定的差异。

在1998年人类首次徒步穿越雅鲁藏布大峡谷时，我作为瀑布分队队长，率领17名科学探险考察队员，率先抵达雅鲁藏布大峡谷无人区绒扎瀑布群，在穿越途经海拔2300～3400米的加拉白垒峰（海拔7234米）东坡山地时，发现了在那里分布着成片的原生原始红豆杉树林，经中央电视台新闻频道记者牟正蓬现场采访，发回中央电视台新闻频道滚动式报道后，在社会上引起很大的反响，国内不少地方从此尤其关注自己所在的地方是否有这种树种。在此之前，红豆杉被定为国家三级保护植物，后来被升级为国家二级保护植物，再后来又被提升为国家一级保护植物。

大峡谷的红豆杉属于西藏红豆杉树种。

2002年我曾去北极考察路过挪威，在挪威的首都奥斯陆一大学的校园内，看到红豆杉作为观赏树种遍植于校园的草坪四周，只见修剪整齐的红豆杉浓密得像一堵堵矮墙似的矗立于校园道路两旁，美丽可人的小红豆点缀在杉叶上，引得不少路人停足细细地观赏。

贡嘎山的红豆杉数量虽然不少，可是如果不细心刻意地搜寻似乎又很难见到它们的芳踪。

不过令人欣喜的是在海拔2600米2号营地的温泉四周却天然地生长着不少中国红豆杉，有的矗立在孤立的巨石上，形成一道独特的红豆倚石的景致；有的偎依温泉池边而立，旅游者可一边泡在2号营地的天然温泉池中，一边品味着那奇特的红豆杉树和树上那些椭圆形生有种脐的红豆，自有一番怡然难得的体会。而另有一处温泉池则被命名为红豆池。因为整个温泉主池就被掩映在美丽的红豆杉树的浓荫之中。

红豆杉属常绿针叶乔木，叶片呈条形，与其他杉属植物的树叶十分类似，螺旋状互生。树的侧枝特别发达，枝下高（也就是距地面最近的树枝）可低达1米以下，羽

海螺沟红豆杉

形杉叶片排成二列，微微向上，像重叠的一个又一个“V”字形展开；叶片很密集，叶片的中脉明显突起，背面有两条淡黄色气孔带，生长着比较密集但很细小的乳头状突起点。所有的红豆杉都雌雄异株。球状的花蕊单生在杉叶的叶脉处，由风或飞鸟等动物将雄树花粉传给雌树授粉后结成红豆种子。红豆杉除了树形青翠墨绿，树形轻俏漂亮之外，最令人生惜的便是那外形奇特而且十分美丽婀娜可人的红豆了。红豆是一粒一粒的柱状圆形的小豆，平均长约6毫米，直径约4～5毫米，黑色的椭圆形种脐镶嵌在红色肉质杯状假种皮中，看上去这些半透明的红色果实并不像植物的种子，倒像一颗颗缀满红豆杉树的鸡血宝石。

红豆杉树的树皮呈紫红颜色，心材褐红，木质坚重，材质优良，还是做红木家具的上好材料。

抛开生态环保不说，就实用而言，拿它们做家具实在是大材小用，或者说是贵材贱用了。因为红豆杉的妙用远远不是传统上所谓做家具所用的坚实材质的“贡献”，而是在于它的更为珍贵的药用价值。因为从红豆杉树体中（包括根、叶、皮、心材等）可以提炼出一种叫作紫杉醇的物质，这种物质的化学分子式为$C_{47}H_{51}NO_{14}$，分子量为853.89。紫杉醇是红豆杉属植物中的一种复杂的次生代谢产物。据研究和临床医学实验，这种被叫作紫杉醇的物质对妇女的卵巢癌和乳腺癌的防治和治疗具有特殊功

西藏吉隆喜马拉雅红豆杉

效，被认为是近半个多世纪以来天然药物研究领域中最重大的发现，是那些为卵巢癌、乳腺癌所困扰的女性患者们的福音和灵丹妙药。

近年来，通过更多的研究和临床试验应用，还发现红豆杉紫杉醇除了对女性乳腺癌和卵巢癌有特别的功效外，还对肺癌，直肠癌，黑色素瘤，头颈部瘤，脑瘤和淋巴瘤也有一定的疗效。

红豆杉可以根植，也可以扦插，既可观赏也可以药用，药用时不必全株采伐。国内已有多家科学研究和生产单位对它们的资源进行进一步的种植开发试验。因为对红豆杉的大量栽培可以带来很大的生态效益和经济效益，从而也可以获得更多更大的社会效益。如果红豆杉得以大片人工繁育种植，如同挪威大学校园那样，一定会产生更多更美的生态景观效益。

唐代诗人王维的一首“红豆生南国，春来发几枝，愿君多采撷，此物最相思”，道出了人们对红豆树的喜爱之情。

这首古诗词中所说的红豆，被中国文人认定为男女恋爱定情的相思之物。不过，据考证，这里的红豆是指一种叫作红豆树上结的坚果状的果实，而非红豆杉树上所生长的那种柱状圆形的红豆。红豆树（*Ormosia hosiei* Hemsl. et Wils.）是一种豆科阔叶乔木，它与红豆杉完全属于两个不同的植物科系。

红豆树又名花梨木，是一种小阔叶乔木，树叶呈椭圆形，分布于我国长江中下游流域各省，属于国家二级保护植物，是我国的特有种，在我的家乡旺苍县米仓山中多有分布。目前国内江苏省江阴市有一棵据传为南梁太子萧统亲手所植的红豆树，其树龄高达1400多年，树高8米，茎干直径达2.9米，树冠覆盖达111平方米。

连香树

连香树（*Cercidiphyllum japonicum* Sieb. et Zucc.）俗称山白果，属连香树科、连香树属，是和银杏树同宗的古老树种，是从地球地质历史第三纪残留下来的孑遗稀有树种，被列为国家二级保护植物名录，在中国的山西、陕西、河南以及长江中下游地区呈零星分布。其生长环境比较潮湿，喜欢向阳，分布在海拔为400～2700米之间的

春天的连香树

秋天的连香树

暖温带和亚热带地区。连香树树干端直高大，可以单株，也可以一胎多株丛生，而且株株高大挺拔。树高可达20～40米，胸径大者可达1米左右。和银杏树一样，连香树也是一种落叶乔木树种，每年3月发芽，叶片呈卵圆形，叶片边缘呈圆钝锯齿状。树冠浓密婆娑，材质细硬，极具实用和观赏价值。每当春季发芽时节，芽片色泽紫红，好似开满了满树紫色的花朵，给海螺沟带来了每年最早的春的气息，随着时日的变化推进，叶子才渐渐地变为绿色。连香树的树叶10月开始慢慢变黄，给海螺沟抹上一片金秋的烂漫。11月落叶，花期4～5个月，果熟期9～10个月。连香树雌雄异株，幼苗易受雨水和病虫害侵扰，自然繁衍比较困难。由于材质细直，坚实不易变形，人为砍伐严重，其天然分布量越来越少。目前，利用果实进行苗木人工培育已获成功并成为暖温带公园竞相引进的树种。连香树在日本也有分布，因此对于研究这种古老珍稀植物的演替历史、传播途径和传播方式等都有十分重大的科学价值。海螺沟的连香树不仅受到游客的喜爱青睐，也引起科学家的特别关注，更是海螺沟景区管理局相关部门的重点保护对象。

康定木兰

康定木兰

每逢春季的3月中上旬，当进入海螺沟海拔2000米左右的地带时，人们就会发现有一种植物随着海拔高度的攀升依次先后开放着色彩艳丽的花卉，到了4月中下旬，满树满枝，花旺花盛，满谷满坡，遍山遍野，芳香四溢——是野桃花？季节太晚；是杜鹃花？时间太早！植物学常识告诉我们，这就是闻名遐迩、誉满国内外的康定木兰。

康定木兰主要分布在中国四川甘孜康定、泸定、九龙和雅安、芦山、宝兴、天全等西部山区，是四川省西部山地的特有种。

康定木兰（*Magnolia dawsoniana* Rehd.et Wils），木兰科，木兰属，康定木兰种，为落叶乔木。因为每年春季先开花后长叶，所以又称为光叶木兰。1867年英国人库珀（T.T.Cooper）和法国传教士瑟芦苇路（J.M.Theruveru）首先在甘孜康定和泸定磨西以及海螺沟一带发现，于是定名为康定木兰。

康定木兰的花型呈狭长的倒卵形状或者椭圆形状，花片柔软，叶片具有纸质的厚重感觉。花片多达9～12张，每片花长8～12厘米，往往向阳的一面花片较多较长，向阴的一面花片少一些短一些。花的颜色内紫外粉，有的时候在阳光的透射下又略带些微的淡绿颜色。康定木兰的花期大约1个月左右。俗话说，红花需要绿叶配，可是，康定木兰的“绿叶”非常“礼让”非常低调，为了让木兰花开放得更自由更突显更灿烂，康定木兰的叶芽们，总是将自己生长的时间、空间和营养提前让位于比自己美丽的花儿们，一直等待这些绚丽的花朵脱落最后一片花瓣的时候，才从容不迫地开始绽出点点新绿，从此，康定木兰才从一年一度红花的海洋进入绿叶的世界。由于康定木兰的花期长，而且先开花后长叶，只见满树满枝被艳丽的兰花花朵点缀得繁茂无隙，非常具有观赏性。每当这个时节，来贡嘎山海螺沟冰川区观赏康定木兰花的人们就会络绎不绝蜂拥而至。

康定木兰属于国家保护的珍稀古老孑遗植物种类。可喜的是，通过科学技术人员的研究试验，在一定温、湿、土、肥、水、管等技术支撑下，康定木兰既可以嫁接，也可以栽种，而且成活率比较高。为了让海螺沟和磨西镇、新兴乡花开富贵，变成康定木兰花绽放的冰川世外桃源，这些年，在每次绿化的季节，人们都将康定木兰作为重要的绿化树种，相信在不久的将来，这种濒危孑遗花卉乔木的种群一定会在海螺沟人的悉心呵护下得到恢复和扩大，美丽的康定木兰花将和海螺沟杜鹃花还有海螺沟冰川的冰花雪花次第盛开，无论春夏还是秋冬，都会以花的芬芳、花的热情和花的清新迎接海内外的八方宾客。

盛开的康定木兰

松 萝

能够说明海螺沟环境质量优良有一个十分方便的途径，那就是考察一下那原始森林之中的松萝。

松萝因为主要附生在一些大的乔木之上，因此又被科学家们称之为“树挂”。

山里人把原始森林中的松萝又称为“山挂面”。“山挂面”还真的有几分像挂面，这名字既形象又好听。说它形象，一点也不夸张。因为越是在原始森林中越可以见到倒挂在树干树枝上面的细细的、长长的松萝，在林间山风的吹动下，轻扬曼舞；像薄纱，像细绸，也极像京剧老生扮相中那美丽的胡须髯口，仿佛给本就幽深暗邃的林海蒙上了一层神秘的面纱。“山挂面”是山鹿、野羊和猕猴们喜食的食物。

海螺沟松萝

松萝不是植物，而是附生在林中古树上的一种菌物——地衣。

地衣是菌类生物中的一大支系，从形态上看可分为三大类，一是壳状地衣，二是叶状地衣，再就是枝状地衣。松萝“山挂面”就是枝状地衣中的一种。

几乎所有地衣的存在与否都与环境质量有着极为密切的关系。大凡有地衣繁殖、生长的地区，无论是空气的质量、水体的质量或土壤的质量都是优质一流的，一旦环境受到污染，首先死亡消失的就是地衣。尤其是枝状地衣的松萝，它们的存在与否更是表明某个原始森林区的环境质量是不是受到了污染或者受到多大的污染。

在人类活动密集的地方很少会看到有地衣生长。

可是在2006年的10月中旬，当我作为首席科学家带队进行横穿喜马拉雅国际合作科学考察时，竟然在西藏南部的亚东县城中一座被废弃的小桥的木栏上发现了大量枝状地衣的生长，可见在我们的西藏，在我们西藏的亚东县，在许多像亚东县一样的地方，那环境的原生态是多么的纯净，多么的美好!

在海螺沟的林子里，到处都可以看到随风飘拂的“山挂面”——松萝，所以海螺沟到目前为止，虽然加大了开放的力度，增加了旅游产业的强度，但我仍可以自豪地告诉朋友们，那里的环境还是如此的优美，那里的森林功能仍然是那么的完备，就像大自然氧吧中一个健康的心肺一样。

但松萝对森林的保育也有负面的影响啊。

一方面，松萝附生在树干树枝上，吸收树体中的营养，随时随地向大自然“报告”和展示着环境质量的优越性；可是，当松萝密度达到一定程度后，由于树木营养被松萝大量攫取，就要影响森林的正常生长和发育，阻碍树体和大气中养料的循环和交换。值得庆幸的是一些林中动物，尤其是会爬树的猕猴和松鼠、飞鼠还有一些鸟类均喜欢以松萝为食。一些飞禽将松萝啄去铺垫鸟巢在一定程度上帮助森林进行了“洁身”，于是濒临枯死的树木又可重获新生。这就是自然，这就是自然界中的生态链，以及这些生态链们一环扣一环的又一个例证。

但愿我们这个地球村的每一个角落，包括人类生活的大都市都能看见松萝——枝状地衣和许多其他种类地衣的生长，就像海螺沟的原始森林地区的环境质量一样的优质优良。

这，也许是我们都市人永远都无法实现的梦想。

猕 猴

猕猴（*Macaca mulatta*），猴科，猕猴亚科，猕猴属动物，是活跃在亚洲包括海螺沟在内原始森林中的一种灵长类动物。海螺沟猕猴又叫作藏酋猴（学名*Macaca*

海螺沟藏酋猴

thibetana，英文为Tibetan macaque、stumptailed macaque）属于四川短尾猴，是国家二级保护动物，也是极具观赏性的一种野生动物。

来到海螺沟，当你进入1号营地后，就会经意和不经意间，在公路上，在树林里，在溪沟旁，在温泉池附近和猴群不期而遇。

早在20世纪80年代以前，那时的公路只通到海拔1900米的1号营地，而且还是一条为了砍伐森林和拉运木头的单车道，1号营地以上的海螺沟冰川谷地还基本上处于无人区的原始状态，只是每当春末夏初季节积雪开始消融之时，一些农户将家养的牛羊赶进沟里放牧，猎人也会两三人结伴而行，进山猎获山羊羚羊或者狗熊香獐一类的野生动物。大概猴子和人有许多相似之处吧，海螺沟的猴群从来都不是人们捕猎的对象。正因为如此，海螺沟的野生猕猴的种群不仅长期以来得到了很好的保护和发展，而且和人类的关系也比较融洽和谐，每当我们考察队进沟见到猴群时，它们出于野生的天性，虽然不似家养的那样亲切，但也是即若即离，最多也是爬上树枝叽叽喳喳，叫个不停，说着只有猴群自己才听得懂的“猴话”。

后来，随着海螺沟冰川旅游开发力度的加大，来海螺沟旅游休闲度假的客人越来越多，公路也向上延伸到海拔3000米的3号营地，沟内先后建起了冰川温泉度假村，一座座高等级酒店取代了当年的考察营地，一条伸向海拔3400米的缆车索道也在海螺沟冰川消融区凌空而过，猕猴们一时之间不知道这里到底发生了什么？为了自身的安全，还是“避开为宜”，它们和别的许多动物们一度退居山林深处，过起了“隐居”生活。

穿梭繁忙的汽车，来来往往的游客，时日长了，似乎并未对猕猴们造成什么特别的影响。于是先是一只两只，后来是一群两群，猕猴们慢慢地接近温泉，接近公路，接近汽车，后来竟然有一些胆大者或者登堂入室，做起了“梁上君子”，在2号营地温泉度假村里常常可以看见一些调皮的猴子来到走廊上，靠近窗户，趁人不注意时，顺手拿点它们爱吃的香蕉苹果和点心；或者大方地走近客人，走近停靠的汽车，向客人索要车里和包中的水果食品。

目前，猕猴群已然成为了海螺沟风景名胜区又一道靓丽的风景线。

羚　牛

羚牛（*Budorcas taxicolor*），为牛科，羊亚科，羚牛属动物。

羚牛是广泛生活在喜马拉雅山中东部和横断山、米仓山、秦岭海拔2000～4000米一带的草食性动物，也是仅仅在中国、印度、尼泊尔、不丹和缅甸等亚洲五个国家才有分布的珍稀动物。分布区域大致为北纬25° 15′ ～34° 19′，东经97° 30′ ～109° 30′ 之间。羚牛共有四个亚种，分布在喜马拉雅山一带的为不丹亚种，分布在横断山西藏和云南一带的为高黎贡山亚种，分布在米仓山和秦岭一带的

羚牛

为秦岭亚种，分布在四川贡嘎山以及雅安宝兴一带的为四川亚种（*Budorcas taxicolor tibetana*）。羚牛是我国一级保护动物，在我国公布的红皮书中列为濒危种，被国际自然与自然资源保护联盟公布的红皮书列为珍贵级动物。

羚牛四肢粗壮，体形高大，成年个体的体长可达1.8～2米左右，肩高最大可以达到120厘米以上，体重多在200～300千克上下，最大可达1000千克。因此羚牛的外形更像牛，在海螺沟，当地人称为“野牛”。海螺沟“野牛”的背脊隆起像棕熊，脸部紧绷像驼鹿，角长得又像羊又像牛，尤其像角马，后腿有些倾斜像斑鬣狗，吻鼻和尾巴像山羊，四肢短粗，其外形像牛，所以有研究人员称之为“六不像”。

海螺沟羚牛主要分布在海螺沟以及周围海拔2000米和4000米之间的森林和灌丛草地带。松萝和羌活还有鲜嫩的树叶都是它们喜欢的食物。它们还常常来到温泉附近饮水，这是因为温泉水里有包括盐分在内的微量元素和矿物质，这些都是羚牛们体内不可或缺的营养成分。

在一次去海螺沟冰川右侧海拔5000米的2号冰川考察途中，在海拔4000米的山坡上，我们和一群“野牛”不期而遇。当时这些海螺沟尤物们正在一片茂盛的羌活草地中睡着晒太阳呢，一听到有人来了，它们先是懒洋洋的站起来，有几头小羚牛们还“少不更事”地忘不了啃噬着身边羌活草的嫩苔尖，正当我举起相机还来不及按下快门的时候，突然，大约它们听到了“头牛”的警报信号吧，一眨眼的工夫，便消失在附近浓密的灌木林中。等我们赶到时，只看见大片被羚牛压倒在地的羌活草和还冒着热气的牛粪呢。

香　獐

香獐（*Moschus moschiferus*），又称香獐子或者獐子，麝科，麝属，原麝种，属于我国濒危种二级保护的野生动物。香獐是一种具有观赏性和很高经济价值的中小型草食性动物，这也是一种在我国广泛分布的动物。它们机灵胆小，体态轻盈，毛色灰褐光亮，多活动在海拔500～2500多米的森林之中。山中地衣、松萝、苔藓和树皮、树叶以及一些灌丛植物的根茎都是香獐的至爱食物。公香獐的肚脐和阴茎包皮之间有

香獐

一个囊状物。公香獐在休息的时候，囊状物外露张开，而且分泌一种带香味的腺液，吸引一些虫蝼蚂蚁进入，然后囊状物关闭，久而久之，富含蛋白质的虫蝼蚂蚁等昆虫残体在香獐腺液的浸泡下便形成了具有特殊香味的麝香。麝香既是一种贵重的中药材，又是一种珍稀的高级香料。海螺沟的香獐曾经是当地猎人重点捕猎的对象。在长期的猎杀环境中，香獐形成了高度的警觉性，尤其是对人类有一种特殊的警戒心理，以至于只有猎人才能够在几百米或者更远的距离外看到它们的身影。在我几十次进海螺沟考察中，在深深的密林中，无数次发现过獐子的栖息地，在窝边看见的除了獐子褪落的灰白毛发就是獐子那圆圆的颗粒状粪便，很少近距离看见獐子那活泼可爱的模样，它们早在发现我们走近之前就迅速地隐蔽在更深的密林中了。

八 海螺沟的菌类和山珍

单从外形看，人们实在很难将松萝或者树挂的形态和模样完全不同的蘑菇放到一个家族之中。

但它们的确都属于寄生或附生在别的植物或微生物之中的一种单细胞子实体的菌物。菌物和植物的最大区分就在于植物具有光合作用的功能，能通过光合作用进行叶绿素的有机合成，然而菌物却不能。尽管菌物群落往往与植物家庭们共生共荣，而且有的菌物尽管形态也和某些植物种类十分接近，比如松萝。

然而更多的菌物在人们心目中却都是蘑菇一类的生命体：大大圆圆的伞盖，细长略带弯曲的伞柱。

蘑菇菌类王国的确是一个色彩缤纷、争奇斗艳的世界。

我们这个星球上到底都有多少种菌物？总数至少在150万种以上，目前我们大致了解的不过其中的7%左右。据我研究蘑菇的朋友卯晓岚先生说，就野生大型菌而言，我国目前大约存在1000种以上。其中可食用的约有500多种，毒菌约有500种。但是有经济开发价值的各种真菌远远不止此数。

我国大型真菌可分为6个分区，按生态习性可以将大型真菌分为6类。

菌物世界既是一个十分神秘的领域，又是一个十分美丽而有趣的领域。

就拿大型真菌来说吧，只要有水分，只要有适当的温度条件，都可以生长发育，

野生蘑菇

从热带到寒带都可以发现它们那多姿多彩的身影。尤其在寒冷的南、北两级和青藏高原高海拔地区，那里可以没有植物、动物，可以没有人类，却不能没有菌物！菌物是我们这个星球上生命力最顽强的生命形式之一。

虫 草

虫草，它们可以在温热的雅鲁藏布大峡谷海拔为1000米左右的中低地带生长发育。比如大峡谷顶端海拔不足1500米的岗巴附近阔叶林中就发现有珊瑚虫草、蛹虫草和黄峰虫草的生长。而蜚身海内外的西藏、青海和四川甘孜、阿坝一带的虫草则只能在海拔4200米左右的高山高原草地或草灌中才可以生存、发育。这种虫草是名副其实的珍品。因为经过广泛的临床试验，它们最大的功用就是可以极大地提高人体的免疫功能，具有抗癌消痛、延年益寿的功效。

出产在青藏高原的虫草在18世纪由法国人带到巴黎后，许多早期的菌类学家不知其为何物，后经英国一位真菌分类学家研究，认为是只产于中国的新种，根据其像虫又像草的形态，于是被命名为“中国虫草”。虫草的形态和发育方式神奇而特殊，令人匪夷所思。海螺沟冰川区周围海拔4000米到4500米之间的草灌山坡台地上分布着比较丰富的虫草资源。在20世纪的90年代初，我曾经沿着海螺沟冰川消融区北侧，经过黑松林、老虎嘴，上到海拔4200米的大冰瀑布左侧的米叶杜鹃灌丛坡上，在休息小憩时，就可以在踩脚的地方，在积雪未完全融净的地上，发现一根或者几根灰紫色的虫草苗。由于那里的土质肥沃酥松，用冰镐轻轻挖去，一条条金黄色的贡嘎山海螺沟虫

叶状地衣

枝状地衣（松萝）

枝状地衣（石蕊）

虫　草

虫草是一种叫作虫草菌的孢子，通过蛰伏在土中的昆虫气孔进入虫体后长出菌丝体，并促使昆虫幼体“染病僵死”，到了春夏季节，温度和水分条件充分后，在虫体中的菌丝大量繁殖后便从僵虫的头部长出棒状的子座（虫草苗），与幼虫僵体连在一起，便是所谓的“虫草”了。虽名为虫草却不是草，而是寄生在僵虫体中的一种具有多种营养和药用功能的真菌生物体。

海螺沟虫草

草就被采了出来。不过，我们采到的虫草只是作为科学研究的标本用。

海螺沟旅游开发后，要是在五六月份，不时可见一些当地人拿出刚从高山灌丛草甸上采回的虫草。20年前，每根三毛五毛还觉得太贵，现在一根已要价50甚至70元人民币了，就这样还常常断货呢！因为一度时间盛产虫草的西藏和青海因大量采草人的进入，乱采乱挖，破坏草场，虫草产量也随之下降，类似海螺沟这样的四川虫草价格也就趁势而上，成为游客想买嫌贵，不买又遗憾的稀缺之物了。

虫草的确广泛受人喜爱，在2002年“非典”时期，西藏地区没有发现一例“非典”病人，都说是得力于吃虫草的好处。那个时候我正好援藏在西藏政府任职，有朋友送了几两那曲县产的虫草，每天吃两根，因为“非典”来势凶猛，不得不防。也许那每天两根的虫草真起到了意想不到的作用呢。

天　麻

天麻被中医中药奉为“神药”植物，其根茎入药用以治疗头晕目眩、肢体麻木、小儿惊风等症，又名神草、仙根、赤箭，老百姓还称之为“水洋芋”。2000多年前我国第一部药书《神农本草经》就对天麻的药用功效有具体而明确的记载：味甘、性微

野生天麻

温。主治头晕目眩、肢体麻木、小儿惊风、癫痫、高血压和耳源性眩晕等疾症。

天麻为兰科天麻属多年生草本植物，全株无绿叶，不含叶绿素，靠与其共生的密环菌供给养料。蜜环菌在死树的根和茎干上繁衍，靠分解木材中的纤维素、木质素获得营养。天麻—密环菌—树木（绿色植物）之间构成了一个“食物链”。野生天麻从种子发育到天麻开花、根茎结实需要漫长的四个春夏秋冬，而且天麻个体之间在数十厘米距离内还具有彼此“吸食”的特质。因此当地农民在采集天麻时，有时顺着天麻禾苗刨开土壤并不能发现天麻，可是却可以在周围数十厘米范围外找到它们而大获丰收。

在海螺沟海拔1600～2600米左右的阔叶林和针阔混交林中，就有十分丰富的天麻资源。

蘑　菇

至于海螺沟景区地域内的其他食用菌更是数不胜数。每年到了7～8月份的雨季，空手钻进林中，一两个时辰出来，就能满载而归，采回十几斤、几十斤的鲜美可口的牛肝菌、松口蘑和羊肚菌。

蘑菇的天堂

蘑菇是一种形态多样、色彩十分绚丽的菌物。但菌物专家提醒我们，往往最美丽、最漂亮的蘑菇则是最有毒的蘑菇，甚至是毒性最强的蘑菇。海螺沟森林中也有不少的毒蘑菇。比如一些生长在动物粪便中的蘑菇就往往有毒，有些误食后能在几小时之内致人以死命。再如一种颜色血红血红的红菇就是一种毒性很大的毒蘑菇，还有一些蘑菇虽然不会毒死人命，但却可以使人神经错乱或发狂发笑，或又哭又闹。在海螺沟中有一种叫作花褶伞的有毒蘑菇，虽然它的颜色并不鲜艳，却也照样有毒。和它同样有毒的还有黏花褶伞菇、紧缩花伞菇、大抱花褶伞菇，它们常常生长在牛、马等大型畜类的粪便堆中，如果误食了这些蘑菇，患者就会变成不能控制自身情绪的人，哭闹大笑过程可长达6个小时。

2001年9月中旬，我曾去贡嘎山西坡的贡嘎寺和贡巴冰川区科学考察。那里同样是蘑菇的天堂，可惜没有菌物专家同路，宿营野炊时害怕误食毒蘑菇只好任何蘑菇都不敢采摘了，同行的奥地利和德国朋友说我胆子太小，我心想，要是把你们毒死了，可是说不清道不明的国际问题了。

蕨类植物

在海螺沟的1号营地，无论山溪旁、小路边、树林下，到处都长满了羽毛状的蕨类植物。

海螺沟的蕨类植物

贡嘎山的蕨类植物有好几个科属，其中睫毛蕨科睫毛蕨属的睫毛蕨和水龙骨科扇蕨均属国家三级重点保护的古老植物孑遗种类，极具科学研究价值。

在贡嘎山地区还有一种广为分布的蕨类植物就是中华槲蕨（*Drynaria baronii*）和蕨（*Pteridium aquilium* var. *latiusculam*）。这两种蕨都富含淀粉和胶质淀粉，其中中华槲蕨还有一定的药用功效。

蕨的嫩叶苔就是通常所说的“蕨菜”。蕨菜中含有大量的胶质淀粉，用开水浸煮后可以将胶质淀粉固定下来，或者鲜食，或者盐渍，或者晒干，它们都是餐桌上的美味佳肴，被称为现代营养山珍中的绿色产品。蕨菜口感滑爽嫩脆，微甘苦，有解热去寒、利尿护肾的作用。

蕨的根茎同样含有十分丰富的淀粉，通常被称为蕨粉。我的老家四川旺苍一带的米仓山中这种蕨粉资源也十分丰富，家乡人称之为“根面”。用根面做的“根面丸子”是家乡人招待客人最珍馐的一道菜。在“根面丸子”的外皮中掺和糯米泥，内包豆腐干、盐菜和上好的腊肉丁，味道鲜美，特别有嚼劲。有一个小时候的朋友在旺苍县城开了一处“贤一阁”饭庄，其主打招牌菜品就是旺苍五权镇米苍山所产的根面。因为价廉物美，味道可口，生意十分红火，时下已成为当地的招牌菜了。

新采的蕨菜

蕨根粉在我的家乡被誉为“救命粮”。

在20世纪的二三十年代，那时川北兵荒马乱，天灾频仍，或者赤地千里，或者水蝗连年，不少老百姓颗粒无收，于是在冬天冒着漫天的鹅毛大雪进山“挖根打蕨”。一天下来，一个中青年劳力，可获得10来斤根面。虽然辛苦，但总可以保住一家人的性命。在60年代初期，那时正遇上共和国成立以来最大的饥荒时代。我在放学回家时随同父亲去一个叫作“圆宝山”的后山挖蕨根。剖开一层积雪，挖开封冻的黑土，只见肥嫩粗壮的蕨根盘根错节，密密麻麻。父亲力气大，不一会就挖出一大堆，我们将蕨根上的泥土抖掉，用锄头将它们剁成一尺来长的节段，打成捆，我背70来斤，父亲背200多斤，回家后在附近山中的小河沟找一块平顺的石头，先将蕨根洗净，平铺在石头上用打麦的“连架”将蕨根砸烂打细，然后放人一个大的木捅（家乡人叫黄桶）中加水搅拌，将搅拌后的根面水置人盆中沉淀。因根面具有一定强度的凝聚力，过一段时间后，水清面沉，盆底是蕨根淀粉，盆上是一层清水，将水倒出，剩下的就是白花花的厚厚一层根面，在空气中，白色的蕨根淀粉很快就被氧化成绿褐色。为了便于储藏保存，将蕨粉团成直径约15厘米的球状粉团，置于草木灰中，草木灰在很短的时间内可以将淀粉团中的水分吸出。吸干水分的“根面团”可以在家中存放好几个月甚至好几年也不腐不烂不变质，随时取食，以度灾荒之年。

海螺沟鹿耳韭

海螺沟羌活

海螺沟的蕨菜、蕨粉资源十分丰富，还处于未开发的原始状态之中。

资源的价值取决于不同资源配置和组合以及不同的资源系统，如果在海螺沟开办一个蕨菜蕨根粉加工基地，那就不是锦上添花而是画蛇添足、节外生枝的败笔之举了。因为作为旅游景观配置资源，海螺沟的蕨类植物群落岂能够让位于可得蝇头小利的蕨类产品加工厂呢！

鹿耳韭

鹿耳韭是海螺沟山菜系列中的又一种难得的美味，中文名字为卵叶韭（*Allium ovalifolium*）形状像韭菜，但比家种的韭菜叶片宽大肥厚，香味更浓烈，纤维更粗长。

海螺沟野果

因为据说这是野山鹿、香獐和牛铃等海螺沟动物们最喜欢觅食的一种野菜，因其叶似鹿子的耳朵，故称“鹿耳韭”。我在贡嘎山高山森林生态观测试验站工作过多年，站上观测工作的几位当地年轻人常常用附近森林中的野蘑菇、嫩竹笋和鹿耳韭作为我们常食常爱的野外考察中的美味绿色菜肴呢。

贡嘎山海螺沟的野味山珍不胜枚举，如到了海拔3000米以上甚至4000米的地方，即便断炊无粮也不至于饿死。因为这里可供生命之需的食物随处都有，包括一种叫羌活的禾本植物的嫩苔，既是当地羚牛的最佳食物，也是猎人进山常常采食的山菜。一次在上冰川雪线安装仪器的途中，当地民工炒了一锅羌活嫩尖，又脆又香又甜，真是味道好极了，难怪贡嘎山羚牛等大型野生动物群落世世代代繁衍不绝，有如此优越的野生生态环境，贡嘎山自然保护区内的各种动物尤其是各种大型野生食草动物都不会缺粮少食。

九　二层山，无限风光在险峰

目前的海螺沟，几乎所有的景观，都是以海螺沟冰川谷地的三维坐标为人们提供目力所及的视野范围。尽管有春夏秋冬不同的四季色彩，有上游下游反差极大的空间感受，有林涛吼动的原始森林，有热气氤氲的地热泉流，有一泻千米的世界级海螺沟冰川大瀑布，有晨阳晚霞辉映下的金山、银山，有水嫩斑斓的红石滩，可是，所谓“一叶障目，不见泰山”！无论我们的科学考察的研究人员，还是醉心于野外探险的行家里手，还有那些年轻的“驴友”们，到了海螺沟，总想找到一个理想心仪的去处和最佳的视角，或者一览海螺沟和海螺沟冰川的全貌，或者一睹海螺沟冰川源头那“一览众山小”和“蜀中第一峰”的贡嘎山主峰的巍巍雄姿！

“哪里可以看到贡嘎山主峰？”这是人们到海螺沟后常问的问题。要是运气不错的话，在一个朝阳喷薄的早晨，站在海拔将近3000米的金山饭店的观景台上，就会透过那葱茏的冰川雨林看到在西际的苍穹下，有一列金光灿烂的雪峰，那就是著名的贡

金山银山贡嘎山

嘎山主峰山体；如果朋友们还想进一步观察到贡嘎山的主峰真容，不妨乘坐海螺沟冰川观光缆车，上到海拔3400米的长草坝4号营地，然后再稍微向山后多走几步，找个稳当的最佳视角，顺着海螺沟大冰瀑布向上寻觅，也许贡嘎山那金字塔形态的主峰山体就会将自己神秘的面纱轻轻地扬起一角，让你神思妙想，欲罢不能呢。由于种种原因，尤其是冰川索道开通以前，人们所欣赏到的贡嘎山主峰图片，几乎都是来自于贡嘎山西坡的子梅山垭口或者在西坡贡巴冰川附近的贡嘎寺台地上拍摄到的。

为了寻找可以在贡嘎山东坡既可以方便地鸟瞰海螺沟和海螺沟冰川全景，又可以清晰地扫描贡嘎山主峰全貌的最佳观测点，海螺沟风景名胜区管理局局长谭智泉同志带着几位同事，在一个风和日丽的早上，身背帐篷和干粮，离开长草坝，沿着海螺沟3号冰川东侧古冰川侧碛垄，一路上行，一会儿踩过漫滤的冰水，一会儿穿过密匝的杜鹃林，还有那长满尖利毒刺的锦鸡儿、枝蔓缠绕无序的伏地柏以及似乎危机四伏的高山沼泽湿地……在一面长满羌活叶的山坡上，一群野牛正在惬意地啃噬着羌活草那鲜嫩的苔尖。在不知不觉间，长草坝索道站越来越远，越来越模糊，似乎头上的云天却越来越近，海拔也越来越高，有的人下意识地有些气喘。

“放心吧，这里再高也不会高过贡嘎山主峰吧！”谭智泉一边喘着粗气，一边笑

二层山观云海

着调侃道。可不是嘛，有人拿出便携式GPS（卫星定位仪）打开一看，这里的海拔高度刚及4000米呢。

趁着在几块古冰碛石上小憩时，回头向着来路方向望去，只见一团云雾从海螺沟的下游冉冉升起，再慢慢散开，一时之间，海螺沟冰川和冰川四周的原始森林都被越来越浓的雾气弥漫得无影无踪了，眼看着那云那雾就飘升到了自己的脚底下了。就在大家担心云雾可能继续飘升致使不得不中断考察行程的时候，云雾们突然停止了彼此追逐和向四面扩散的步伐，在眼前视野之下形成了一片波涛滚滚的云海，在头顶上却依然是灿烂的阳光和蓝色的天空，此时的谭智泉局长和他的同事们仿佛都成为了飞升在九天之上的神仙！

谭智泉一行今天的目的地叫作“二层山”。顾名思义，所谓“二层山”就是山外有山，山上有山的意思吧！

大约攀爬了四五个小时后，一行人终于来到了二层山的核心位置，一个古冰斗附近的冰碛小台地上。

二层山是早年当地打猎和采药人对这匹山起的名字。山体常年笼罩在云雾之中，山体多为古老的花岗岩和花岗片麻岩组成，在上万年计以来的古冰川和寒冻风化作用下，角峰林立，刃脊肩连。在一座座古冰斗的环绕下，二层山的山势地形独具特色，尤其是在飘渺幻化的云海中，仿佛让人有一种进入海市蜃楼的感觉。在山峰的背阴处，一些积雪还未完全融化，雪面在西际的夕阳照耀下，泛发着金黄的光泽。由于接近黄昏，气温下降，脚下的浓雾已然退去，海螺沟冰川那壮观的冰瀑布一挂千米，不时传来隐隐的沉沉的雪崩声。在夕阳即将从西面山脊上沉下时，一团淡淡的云雾又魔术般的从海螺沟冰川突然升起，在冰瀑布上方重新延展出一片云海，气流涌动处，乱云时散时聚，上下翻滚。云海被夕阳的余晖浸染成微微的玫瑰色，玫瑰色在晚风的吹拂下，一直延伸到了二层山上。从二层山的营地向西望去，只见在那瑰丽的云海上面，一座金字塔形的山峰凌空矗立在群峰之上，看上去和今天的考察营地近在咫尺。哈，“踏破铁鞋无觅处，得来全不费工夫”，这不正是闻名遐迩的贡嘎山的主峰！平

二层山观日出.

时在低处瞻仰贡嘎山时，不是云遮雾绕就是雨雪空濛，即使是晴好天气里，也只是能够看见上部山峰的些微局部。而在二层山观看贡嘎山主峰，尤其是在朝阳辉映或者晚霞四射时，你看到的仿佛就是一位刚刚出浴、娇艳无比的贵妇人，胴体全现，一览无余啊！

在我国，大自然野外的科学探险尤其是高山高原科学探险和旅游正处于越来越成熟，越来越高端，越来越臻于完美的趋势。人们每到一个地方，不再想听到那些道听途说的神话故事，也不想见到那些人造的景观景点了，反而倒是想穷究眼前那些大自然现象形成和发生的本源，更想一探那些地质地貌景观和生态环境与人类历史共荣共生过程中是如何演替的科学真谛。

都说人和人相处的时候，彼此的距离会产生美。我在几十年的科学考察中，却更

典型的海螺沟冰川磨光面及刻槽和擦痕

多地体会到，在大自然中，尤其是在我国的高山高原上，就景观而言，具有高度产生美的感悟和体会规律。无论是天山，昆仑山，喜马拉雅山，还是眼前的贡嘎山，山峰越高，山体越大，那么，其中的环境就越纷繁复杂，生物多样性就越丰富多彩，地貌景观就越多样多姿，种类齐备，景色也就越美丽宜人。正因为如此，一个地方的最高峰就往往成为人们最为关注的地理标志。何况，贡嘎山不仅是我们四川的“蜀中第一峰”，而且还是青藏高原东缘的最高峰，更是横断山脉的极巅之地。在世界极高峰家族中，贡嘎山也有不可或缺的一席之地呢。由于地质构造和冰川作用的双重塑造，贡嘎山主峰的金字塔角峰形态十分典型，四面陡峻如刀削，丰富的高山降雪致使主峰周围冰崩雪崩频仍，目前仍然被排在极难成功攀登的世界极高山峰之列！

二层山的考察认定和区位优势，为海螺沟景区增添了又一处科学考察科学探险和旅游目的地。尤其是在这里登高望远，向下俯视可以轻松地窥见贡嘎山东坡全景风貌风光，又可以在各种色泽变幻的云海之上观看到贡嘎山主峰那巍峨壮观的伟岸雄姿。

登上二层山，除了可以随时欣赏那变幻莫测的云海和以金字塔为典型形态的贡嘎山角峰群之外，傍晚看雪山落日的灿烂余辉，早上观喷薄日出的壮丽景象，白天攀爬在古冰川遗迹刃脊角峰之间，夜晚数银汉繁星，都是难得的人生体验。即便是你搭帐篷用的石块，或者你脚下的基岩，不用考证，那就是伴随着第四纪冰川作用一路走过了千年万年甚至几十万年上百万年的地质历史的科学见证！如果你悉心地察看，那石碛上一定会有道道老鼠尾巴（一头宽一头窄，一头深一头浅，专业上称之为古冰川的“鼠尾刻痕”）一样的古冰川擦痕和似乎人为打磨过的古冰川磨光面。如果这些古冰川遗迹出现在庐山，黄山和北京的西山，那么，中国大陆的第四纪地质和气候环境的历史将会彻底地被改写了！有关中国东部有无第四纪古冰川作用的“学术争论”就会以“yes”的方式盖棺定论了。但是遗憾的是，由于冰川的形成和演替具有十分严格而科学的的气候环境和地理条件，这些明显的古冰川遗迹不会出现在中国东部海拔2500米甚至海拔3000米以下的地区。可是，在我们的海螺沟，在我们的二层山，这种经过古冰川岁月沧桑抚摸、砥砺过的基岩和冰碛石俯拾皆是！

二层山山峰的平均海拔高度不过5000米，这里曾几何时也是冰川漫流之地，由于众所周知的气候变化原因，冰川早在距今几百年前就消失了。空出的冰斗，冰斗中的石冰川，石冰川中的埋藏冰，还有那些时而被季节积雪半覆半盖的冰碛垄，距离冰碛垄不远的鲸背岩，似乎都在向人们诉说着二层山曾经也辉煌过但是的确过去了的冰川历史。

鲸背岩和石冰川都是古冰川留下的珍贵遗迹。

当一条冰川谷地还有冰川的时候，比如海螺沟冰川，在冰川的中下游除了巨厚的冰川冰，在冰川的表面一定会出现一层石碛，科学家将这些石碛叫作冰川的表碛（till或者surface moraine）。冰川的表碛是世界上所有的冰川系统内必不可少的物质。冰川在形成和运动过程中，一定会对谷地两侧和下伏岩层产生侵蚀作用的，正是这种人的肉眼难以感觉到然而却持之以恒的冰川侵蚀作用，将冰川所在的山脉或者谷地塑造成为了一个个只有冰川的力量才得以形成的角峰，刃脊，“U”型谷，冰川磨光面，冰川刻槽，鼠尾刻痕，还有鲸背岩，羊背岩等等冰川的侵蚀地貌。在冰川对地形进行侵蚀的同时，就会产生大规模的松散岩石等堆积物，这些堆积物有的被堆积在冰川的两侧，就叫作冰川的侧碛物（侧碛垄），在冰川下游前端的堆积物就叫作冰川的终碛物（终碛垄），而在冰川表面堆积的冰碛物就叫作冰川的表碛物（表碛层）。当一些人们看到海螺沟冰川的消融区有一层黑灰色石碛，就以为

海螺沟古冰碛湿地（近景）、侧碛垄（中景）和刃脊、古冰斗（远景）

二层山夕阳云海

冰川在后退了，冰川受到了污染了，甚至惊呼：冰川即将要消亡了。其实这都是对冰川这门科学的误解。正是：冰川上的石头——表面现象。

人们看到的真的只是冰川上一种表面现象。比如海螺沟冰川城门洞附近冰川表面的表碛物最厚，平均厚度大约50厘米吧，可是城门洞附近的冰川厚度却有50米以上！也就是说，一条冰川的消融区肯定是会有表碛存在的，但是和冰川冰的厚度相比，表碛层的厚度和数量仅仅是冰川冰体的九牛一毛而已！

当冰川的冰体厚度远远大于表碛的厚度时，冰川就一定是一条充满活力的运动着的地貌体。如果由于气候变暖，积累区的降雪量大大地减少了，冰川难以抵御强烈的消融时，就会发生另外一种状态：冰川的厚度越来越小，直到某一天，表碛层的厚度小于冰川冰体的厚度时，那么冰川就失去了前进和运动的能力，冰川的个体就会产生严重矮化，最终变成了一条只有冰川的外形，而无冰川内涵的“石冰川”，或者也可以称之为“化石冰川了（fossil glacier）”。

古冰川湖

鲸背岩是冰川在向前向下运动时冰川冰体对下伏基岩岩石研磨侵蚀形成的一种外表酷似鲸鱼背脊的侵蚀地貌形态。鲸背岩又叫羊背岩，大同小异，一般将规模小一些的叫羊背岩，大一些的叫鲸背岩。鲸背岩在南、北极冰川曾经流过的地方分布比较广泛，形态也很典型壮观。近年来，在我国西部现代冰川和古冰川作用区都多有发现。

二层山处于严寒的冰冻圈和温暖的生物圈之间的过度区域。冬天的季节积雪一直可以延续到来年的春夏之交才可融化殆尽。古冰斗中的石冰川得不到足够的冰雪物质的补充，难以为继，也只好龟缩到小小的冰斗之中，厚厚的冰碛物包裹着小小的冰核，任由气候变暖趋势的折磨考验。可别小看了这包裹在厚厚石冰川中的小小的冰核们，它们并不甘心自动地退出本该属于它们自己的历史舞台呢。也许那一天，地球的气候终于转冷，或者雪线附近的降雪量突然增大，冰斗中的积雪加大加厚，这时候，石冰川就会因为重新获得丰富的冰雪物质补充而变得活跃起来，渐渐地，冰核又将长大，冰体越来越厚，一旦厚度大于裹着它的外层冰碛物，那么，这些化石冰川就会起死回生，发生活化，也许，那个时候的二层山又会重新回到冰冻圈王国，展现在我们人类面前的将是一条条新的现代冰川！如果真的有那一天，海螺沟冰川和海螺沟所有的冰川，还有贡嘎山地区所有的冰川都将会变长变大变厚，冰冻圈王国的范围必将大大的扩大，那时的海螺沟冰川一定会更加雄伟壮观，更加绚丽多姿。

或曰："高处不胜寒"。在二层山这样海拔4000～5000米的山上，其实，冰川和非冰川就是一步之遥。也就是说，如果气候再冷一冷，积雪再多一些，也许就会有新的冰川发育；如果气候持续变暖，积雪量再不增加，那些石冰川也许就会最终变成一堆完全的古冰碛物。因此，我们或许还有另外的选择：人造冰川。二层山不是最接近冰冻圈吗？二层山上不是有许多的季节积雪吗？而且，这些季节积雪每年的覆盖时间长达半年以上，有的背阴处甚至可以达到10个月左右。如果，通过人为科学的干预，将更多的季节性积雪集中堆放到一条或者几条古冰斗的化石冰川上，并且使之在一

雪山水墨

年内融化不完，如此年复一年，化石冰川就会活化为小小的“婴儿冰川”，在人为继续科学干预下，“婴儿冰川”一定会慢慢地长大，那么，奇迹就会在我们的海螺沟发生，《中国冰川目录》和《世界冰川目录》中的冰川条数就会因此而改变，二层山就会受到全世界科学界和科学家的关注。

为此，建议年轻的科学家尤其是年轻的冰川学家应该就这一冰川研究的科学前沿申请国家课题，那些有实力的，有志于创新发展的企业家应该积极投入，在二层山“婴儿冰川”的恢复重建、培育和保育项目中施展自己的拳脚。

这个项目一定会具有不可限量的生态效益，社会效益和经济效益。

目前，要想去二层山科学考察探险旅游的条件还不成熟。但是，二层山在整个海螺沟甚至贡嘎山未来的发展中的景观价值和科学研究价值不容低估。如果在下一步的规划中再建一条高山索道，那么，海螺沟的生态旅游发展犹如新增加了一双腾飞的翅膀，即便是大雨滂沱，还是云雾缭绕，一条更加高效便捷的缆车索道直接将客人送到

草海冬韵

草海子

二层山，那里远在云层之上，视野清新如洗，景物一览无余，游客们将从另外一种视角去体味海螺沟和贡嘎山的别样风光。

如果要架设新的高山索道，比较理想的选址应该是一个叫作草海子的地方。草海子是一个古冰川侧碛垄台地，古冰川堆积物历经几万年的自然沉积，具有十分良好的工程力学和材料力学的稳定性，石碛之间的胶结固化程度很高，只要索道设计科学合理，那么工程建设就会得以顺利进行。

在草海子建立新的索道，不会对海螺沟目前的核心景观区域构成任何不利影响，更不会对海螺沟冰川造成些许新的人为干预，因为，草海子距离海螺沟冰川末端的直线距离还有五六千米呢！草海子是海螺沟冰川在后退过程中形成的一个古冰碛湖泊，是一处难得的湿地景观，在未来索道建设规划中，千万不可对草海子的地貌原生态有任何影响和损毁。

二层山位于贡嘎山东坡的海螺沟和东南坡的田湾河之间，一旦通往二层山的索道开通，从二层山到田湾河或者从田湾河翻越二层山到海螺沟的道路开通也就为期不远了。

十 红石滩——中国第一个“红石公园”

2009年4月中旬的一天，时任海螺沟管理局副局长的樊玉良同志来电话说，他受谭智泉局长委托，邀请我前去海螺沟风景名胜区，就那里的红石景观为中央电视台做两期“走进科学”节目。

此前，我也曾经就中国和世界上的冰川与环境接受过中央电视台等媒体几十次采访报道，比如北极和南极，比如尼泊尔境内喜马拉雅山，比如中国西藏的雅鲁藏布大峡谷，尤其是1998年我参加举世闻名的人类首次徒步穿越雅鲁藏布大峡谷科学考察时，中央电视台新闻频道在现场跟踪报道过程中，几乎每天的午间新闻，新闻联播和

海螺沟景区中的红石

晚间新闻等节目里，都有采访我的滚动式专题报道。我也曾经在20世纪90年代就海螺沟的冰川与环境问题为中央电视台“走进科学”栏目做过节目。

那还是20世纪的90年代初，中央电视台“走进科学”栏目组记者车爱玲一行到海螺沟就海螺沟的冰川与环境采访我。在海螺沟冰川的观景台，在城门洞，在黑松林，在海螺沟冰川的消融区，对冰川的变化，冰川的环境，还有冰川的景观地貌，我都做了相应的介绍。那次的《走进科学》节目，应该是海螺沟和海螺沟冰川最早通过中央电视台进入千家万户的一次隆重亮相吧。

作者（中）和央视记者在海螺沟冰川考察

后来，随着各级政府对海螺沟旅游开发和建设以及保护力度的加大和提升，海内外科学研究的，登山探险的，旅游休闲的，争先恐后，如约而至。于是，各种各样的新闻媒体和私家摄影爱好者也如影随形，来到了这一方冰冻圈、生物圈和人类活动圈结合得至善至美的海螺沟冰川形胜之地，将这里的丽色美景，融入他们的创作之中，再向世人广为传播。

海螺沟红石近景

可是，海螺沟的丽色美景就像一座蕴藏着无尽真金白银和玉璧翡翠的宝库，不是任何

人，也不是一次两次就能够将它们一览无余，欣赏罄尽的啊！

海螺沟风景名胜区的红石景观，就是这丽色美景中近年来绽放得越来越灿烂的满园耀眼奇葩。

红石，顾名思义，就是红色的石头。其实非也！这里所说的红石，是指生长在石头表面上的一种生物，这些生物中有苔藓，有地衣，更多的却是一种特殊的藻类植物。这种藻类本来属于橘色藻，它们在一定的温度和湿度还有气压条件下，能够产生大量的类胡萝卜素，正是这些类胡萝卜素使得橘色藻的颜色呈现出大红大紫一片火红的缤纷色泽，远远望去，那些石头也就失却了自己本来的模样，变成了秀色可餐的红石世界了。这些红色的石头并不是孤立地存在着，往往是一片一片地分布在海螺沟景区几乎所有的山谷之中，因此，按照中国人的叫法，这一片一片的红石头就是海螺沟无处不在的红石滩。

绝美红石滩

秋临燕子沟

在世界上不少的冰川区，都可以见到类似的红石滩。在中国西藏东南部和横断山区有冰川分布的谷地里都可以看见这种红石景观。

可是在我们的海螺沟风景名胜区，包括整个贡嘎山东坡和东北坡的海螺沟，磨子沟，燕子沟，南门关沟，情人海，以及磨西台地到雅家梗之间的河滩中，这种红石景观不仅随处可见，而且滩连着滩，景连着景，让来到这里观景的朋友不停地驻足观看，流连忘返。

就目前我所考察过的红石滩景观而言，海螺沟和其他地区相比较，如果说其他的地区只见红石的“树木”的话，那么，海螺沟地区的红石滩的规模那就是一片片浩瀚无垠的“森林”！

中央电视台对红石滩的访谈是在谭智泉局长的亲自参与下完成的，这就是后来中央电视台记者李扬圳拍摄制作的，“走进科学”栏目至今还时时播放的“红石之

海螺沟随处可见的红石滩

谜”。节目播出后，海螺沟的名声更大了。几乎与此同时，我也在我历次科学考察的基础上撰写了一部20多万字的科学普及专著《海螺沟科考纪行》，其中就海螺沟景区的红石景观还作了专门描述。

正是这本书的出版发行，引起了中央电视台另外一个同样属于科学普及栏目的关注，那就是“地理中国”频道，记者吴敬想就海螺沟的冰川与环境再次找我为他们做一次现场访谈节目。最后，这次拍摄制作的节目名称叫作“冰川奇谷”。

如果说，以前的访谈可以单独以冰川或者森林或者温泉作为主题的话，那么，自从我应邀参加了“红石之谜”的访谈之后，只要说到海螺沟，只要涉及贡嘎山东坡的景观地貌，一定少不了那些鲜活灵动的红石头们。

以下就是我在《海螺沟科考纪行》一书对红石滩的描述。

在贡嘎山四周的现代冰川区附近，包括海螺沟冰川前端和两侧的冰碛石块上，会发现密密匝匝地覆盖着一层红红的东西。红得光鲜，红得亮丽，红得惹人怜爱，生怕用手触摸一下，它们就会从视野中消失。

在现代冰川区，由于冰川的减薄、退缩，就会有一道道堆积的石碛显现出来，冰川学家称之为冰碛。这些石碛从冰天雪地中“重见天日”后便与空气、水分和阳光发生各种化学的、物理的还有生物的互动作用。其中不少含铁冰碛砾石表层和空气中的氧分子产生氧化作用，于是便形成一层褐红的氧化铁壳层。远远望去，这些褐红色的冰碛石块让人眼睛一亮，以为发现了满山遍野的奇石宝贝。内行的科学家略加鉴别就可以知道，这种冰碛砾石表层被氧化后形成了氧化铁的膜皮，称为“漆皮化”现象。漆皮化之后的冰碛砾石十分坚硬，很难风化。青藏高原高海拔地区将它们用作筑路建房的天然石材，既经济又耐用。随着高原旅游

冬季的红石滩

业的方兴未艾，这些褐红砾石的原始堆积自然也是科考、探险、观光、旅游的好去处、好景点。

贡嘎山冰川区也有这样的“漆皮化”的冰碛砾石堆积景观。

然而，贡嘎山冰川区还广泛地分布着并非漆皮化的红色石砾堆积，它们便是更为耀眼、更加美丽的红石景观。在磨西面台地的上游去雅家埂的河滩中，在去情人海的途中，在燕子沟，在南门关沟，在贡嘎山东坡和北坡几乎每一条支沟内，在磨子沟谷地，在海螺沟冰川前端和两侧的冰碛垅上，都可以发现连着片的这种水嫩水嫩的红色砾石堆积！

那么这种“红石头”的水嫩红是如何形成的，形成这种美丽的艳红色彩又是一种什么物质呢？

在海螺沟景区管理局的安排下，中央电视台《走进科学》栏目和《地理中国》栏目先后两次找我作为科学顾问参加了有关海螺沟红石之谜的考察拍摄和节目制作。在考察拍摄和节目制作过程中，渐渐对这种红石景观现象有了一个深入

雾锁群峰

浅出的科学定位。

此前，一些专家考证说，贡嘎山冰川区附近的红石头表面上那红色的物质是一种叫“地衣”的植物。

其实，“地衣”是一种与苔藓藻类共生的菌物，它们不与太阳光发生光合作用，不会产生所有植物都能够产生的叶绿素，因此，准确地讲，地衣并非植物，而是属于菌物的一种。

在海螺沟这样的冰川地区，的确有几种红色或红黄色，或黄绿色的地衣广泛分布着。红黄色的地衣又叫黄石红地图衣，黄绿色的又叫黄绿地图衣。它们的存在不仅表明这些冰川退缩后形成的迹地区域环境不曾受污染，而且也未受到人类生产活动和生活活动的干扰，而且还可以通过它们的直径和面积的大小变化确定此处冰川后退的年龄（科学家称年轮）。因此在一些冰川与环境研究论著中，总可以很容易地发现有关黄石红地图衣、黄绿地图衣那可以测定年轮的神奇科学功能！

不过无论是黄石红地图衣还是黄绿地图衣，它们的形状大致呈圆环状，虽也有许多个体彼此相连的，但总可以区别出彼此独立生存的界线。可是在海螺沟、

燕子沟和磨西台地的上游所见红石滩中那些红色物体，在砾石外露的一面几乎全部覆盖着那娇艳诱人的红色，尤其在向阳的一面，那色泽的娇嫩犹如少女的脸庞，好比盛开的花蕊，仿佛用手一指就能流出美艳的膏脂。不少游人竞相在那些红石头旁边照相、留影，久久不肯离去。

受到一些专家的影响，一开始我也以为这些红色的物体大概也是类似黄石红地图衣一样的地衣吧。

海螺沟冰川附近的黄石红地图衣

海螺沟冰川附近的黄绿地图衣

2009年5月1日，我的手机上收到一条来自黄海之滨青岛的一则“长信息”，发信人是我的朋友，中国科学院青岛海洋研究所的刘建国研究员，他是专门研究藻类的专家。2002年我赴北极科学考察时曾在北极北纬78° 13′的朗伊尔滨1号冰川上观察到成片的红色雪藻。这一消息首先由原《人民日报》副总编李仁臣教授撰文刊登在《人民日报》上，同时中央电视台新闻记者现场采访后也在中央电视台新闻联播、晚间新闻和次日的午间新闻中进行了滚动式播出。这一新闻引起了专注藻类研究的刘教授极大兴趣，他便通过他在成都学外

燕子沟红石滩

语的在读研究生与我联系，从此我们便成了未见面的朋友。

2009年4月份，刘教授在考察了海螺沟、燕子沟的冰川区“红石头”后，来到成都，这是我们第一次见面。我建议他去川北米仓山一游。

这“五一”长信息便是他在米仓山和贡嘎山考察时采集的“红石头”等标本实验鉴定结果。

“造成贡嘎山海螺沟、燕子沟一带红石滩呈红色景观的是一种叫作橘色藻的植物，在一定温度和湿度条件下，它们可以积淀大量的类胡萝卜素，而类胡萝卜素则正是让石头变成美丽红颜色的基础元素！”

“五一”长信息还谈到他们在我的家乡旺苍米仓山龙潭子风景区发现在潭边溪旁生长着另外一种单细胞的绿藻，也就是红球藻。而红球藻在一定温度和湿度条件下，它们可以积累虾青素，并使自己的颜色同样变成美丽的红色。而虾青素则是可以让人类长寿的一种贵重药物，俗称“长生不老素”。

贡嘎山纬度（北纬29° 30′）要比米仓山（北纬32° 30′左右）偏南3度，也就是说，在海螺沟一带不仅有大量可以产类胡萝卜素的橘色藻，还有可能分布着可生成虾青素的红球藻。愿我的朋友和其他研究藻类的专家、学者有机会再到米仓山、贡嘎山以及我国西部的名川大山中去发现更多更有价值的生物资源！

海螺沟红石滩的名气越来越大，海螺沟的红石橘色藻越来越红，海螺沟的红石景观越来越美。以前，但凡来海螺沟的人们一是要看冰川，看冰川上的大冰瀑布，看金山银山，看原始森林，体验在原始森林和冰雪树挂环抱中的海螺沟优质温泉的沐浴。而现在来海螺沟的客人除了上面提到的项目之外，还一定要亲力亲为去观赏海螺沟景区的红石美景。

为了更好地满足客人的红石体验之旅，也为了更好地保护和研究这些灵动的大自然精灵，景区管理局将在海螺沟风景名胜区内就红石主题建立一个被称为“园中园”

雾中仙境燕子沟

的“红石公园”。

燕子沟秋色

美国有一个黄石公园，那是因为公园内有著名的温泉和温泉形成的黄色凝华喀斯特地貌有关。中国即将有一个红石公园，如果说美国的黄石公园的黄石仅仅是无机的喀斯特地貌景观的话，那么，我们海螺沟的红石景观更多的则是红石身上那一层层鲜活而灿烂的生命现象！

无论春夏秋冬，无论天晴下雨，海螺沟红石都会以它们那美丽无痕的斑斓色彩欢迎您。即使是冬季，漫天的飞雪也掩盖不住红石滩那火红的身段，只会衬托出红石身影的更加婀娜多姿。要是春末夏初，在此起彼伏的康定木兰和各色各样杜鹃花的掩映下，朋友们一定会目不暇接，眼前的木兰花美丽，杜鹃花美丽，红石滩美丽，就连朋友们自己也在这美丽的画卷里变得美不自禁了。如果是盛夏，阳光的恩赐，雨水的滋润，红石滩的色彩变幻得让人分不清究竟是嫣红紫红粉红还是别的什么红了，于是我就给了它们一个“水嫩红”的“爱称”！

愿海螺沟景区的“园中园”——中国第一个红石公园的名声走出海螺沟，走出四川，走向世界！

十二 地热温蕴浴海螺

海螺沟温泉

从磨西出发，跨过磨子沟河上新架的大跨度钢筋水泥拱桥，再转过一道弯，便进入海螺沟了。

海螺沟有农家包谷腊酒的醇香，有竹园鲜嫩竹笋的清香，有原始森林中各种各样花卉的芳香，有冰川风送来的淡淡的冷香，还有一种那就是从温泉中飘逸而出的令人精神为之一爽的温香。

海螺沟的温香绝对不同于一般温泉涌突而出的带有浓烈的硫黄味的那种味道。

目前海螺沟正式对外经营的有三处温泉。

原始天然的温泉却只有两处。

第一处就是位于1号营地附近海螺沟河流对岸，如今已搬迁到林业观测站的温泉

2号营地温泉秋色

度假村。第二处就是位于2号营地中的海螺沟冰川温泉度假村。2号营地温泉（简称2号温泉）又叫作热水沟温泉。

还有一处便是人工开发的位于海螺沟下游的“神汤”温泉度假村。

海螺沟“神汤”温泉

1994年底进海螺沟科学考察时，我与同行的陈富斌先生谈到，海螺沟沿沟上、下都处于同一个构造带内，从理论上讲，都是高热温泉的富集区。到了2001年初夏，我陪著名冰川学家、中国冰川学创始人施雅风院士考察海螺沟，见到原2号营地冰川度假村的董事长高晓松先生时，我告诉他说，海螺沟2号营地和1号营地只是温泉出露点之一，其实在海螺沟谷地中的任何一处都可以人工钻取出温泉来。在1996年首次中国应用第四纪学术研讨会代表考察完海螺沟赴康定参观访问中，时任甘孜州委副书记的苟天礼同志招待会议代表时，我也曾将自己的这种想法和他交流过，后来苟天礼同志升任甘孜州委书记，并兼任过海螺沟管委会主任。

终于，在地方政府的大力支持下，海螺沟出现了人工钻取的“神汤”温泉，“神汤”温泉的理化指标，据说不亚于上游的1号和2号营地的温泉。

海螺沟温泉的商业价值和旅游价值

海螺沟2号营地温泉的得天独厚的地理位置和温泉理化指标品质不仅在海螺沟，在甘孜州，甚至在四川，在整个中国西部都处于不二之选的独领风骚的位置。

如果说磨西是一个世外桃源的话，那海螺沟便是这世外桃源的后花园，而2号营地温泉就是这后花园中的“华清池”。

然而2号温泉却又比华清池壮观、气势了许多。

2号温泉出水口水温83℃，这也接近2号营地水体的沸点了。有人曾经将2号温泉的出水口水温标为90℃，这显然有违水的沸点和海拔高度关系之间的科学原则：海螺沟2号温泉海拔2600米左右，那里水的沸点不会超过85℃。2号温泉堪称天然“沸泉”，将生鸡蛋置于泉口，一会儿工夫便可煮熟食用。

2号温泉的主泉出水量高达103升/秒，这在国内风景名胜区内天然温泉中更是名列前茅。

“神汤”温泉泉眼

2号营地温泉汤池一角

2号温泉位于原始森林中，是目前国内极具商业、旅游开发价值，距现代冰川最近、开发档次最高的冰川、温泉度假地。

2号温泉经化验，含有钾（K）、钠（Na）、钙（Ca）、镁（Mg）、锰（Mn）等多种矿物微量元素，另外，碳酸离子高达390.5毫克/升，偏硅酸离子高达107.5毫克/升，游离二氧化碳离子达195.7毫克/升，矿化度高达561毫克/升，硬度为6.1（德国度），pH值为7.15，耗氧量为0.75毫克/升，是具有饮用、康复理疗等多种功能的热矿温泉。

2号温泉以其温泉本身的原生原始性和现代商业旅游高档次开发系列设施建筑、高低错落依山傍水的温泉池以及接待游客的别墅群构成一体，清溪、飞瀑贯通其间，森林、群山合抱其外，猕猴、羚牛不时出没在温泉池边，春夏杜鹃花和红豆杉映衬着瑶池般的温泉泉池；秋冬，一场鹅毛大雪笼罩着原始森林，温泉别墅的房上、路上、温泉池的堤上均铺上一层厚厚的、白白的雪，游人却可尽情地在38～43℃不等的各种温度的温泉水池中，或泡或游，或蹲或坐，或蒸或闷，那种冷的环境，热的感受集于一时一地一池一身，岂不快哉乐哉也！因为2号营地温泉不仅仅是一处可供温泉洗浴地，而且也是海螺沟景区中的一处不可多得，更是不可或缺的景观区了。

2号营地温泉具有微硫化氢的气味，但这并不造成饮用、理疗的质量问题，尤其对皮肤理疗有益无害。稀微的硫化氢对人的精神还有一定的清新作用呢！

2号营地温泉沟长有5千米左右，源头有一处由更高山体流域汇集而成的高约30多米的瀑布，沟内还有若干处跌宕起伏的小的迭水，一年四季流水不断，即使在严寒的冬季，流水也不会完全被冻结。

2号营地的温泉泉池基本上采取分泉注水，池水水源处于自流自净状态中，这样一来，泉池中的热水始终保持着清洁卫生和天然原始状态，只需定期将泉池排干净进

“神汤”温泉大汤池

原始森林环抱下的2号营地温泉

行池底和池壁清理，就可以保证泉池常用常新，常用常洁。

温泉泉水从半山腰一巨树横陈的石缝泉眼自然流出，即使是在冬季，最高水温也可高达80℃以上，接近于当地沸点。

由于2号营地温泉水水温接近于当地水的沸点，便利用高温水所产生的蒸汽建立了几处桑拿房。人们可以在桑拿房内尽情地享受高品位的蒸汽浴。

2号营地温泉一共有大小泉池17个，最小的可容纳3～5人，最大的长达50多米，可跳水，可潜水，可游泳，绝大部分泉池都是开放式的。游客可以选择任意一个泉池享受这天然温泉的洗浴，而且可以任意选择从水温38～43℃之间的温泉浴。

由于泉水口流量大，除了供应露天泉池温泉用水外，还在度假村别墅房内建起了室内浴池。而且所有别墅房内的热水供应都采用自流的天然温泉水，所有的房内冬季取暖系统也来自天然的温泉水作热源，因而室内温暖而不干燥。

在2号营地温泉度假村营业之前的原2号营地旅游接待村，甚至连饮用水、食堂饭菜用水都直接来自于温泉水。现在为了保证旅客的绝对健康，所有的饮、食生活用水则采用处理过后的纯净山溪水了。

温泉在整个贡嘎山地区都无处不在，无处不有。可以说，地热和温泉是贡嘎山之所以成为蜀中第一山重要的动力物质基础和“血脉”所在——丰富的地热表明，贡嘎山正是在强烈的地质构造作用下隆起为今天的海拔高度的。

2号营地温泉沟是一个坡度比较陡、松散堆积物比较丰富、降水量比较大的区域。

2号营地冰川温泉冬景

松散堆积物主要形成于数万年以前的晚更新世冰川退缩后的古老冰碛物质，由于时间较长，这些古冰碛物已具备一定程度的胶结度，在没有高强度的地震等地质灾害的影响，这些冰碛物具有比较高的稳定性，加上有良好的原始森林覆盖固持，如果再辅之以必要的边坡工程加固，这些第四纪古冰川堆积物不会存在大的滑坡等山地灾害隐患。

2号营地温泉瀑布

不过山洪或由山洪引起的塌方、泥石流倒是2号营地温泉度假村不得不高度关注的一个问题。

在2号营地温泉度假村的北坡，也就是办公及别墅区的一侧，是一个基岩和松散堆积物相间出露的地段，尤其在紧靠办公区上游的地方是一个比较活跃

俯瞰2号营地温泉

的滑坡区，坡度比较陡，一有大雨，坡上就有泥土砾石向谷底滚落。所以一方面应加强沟谷的河堤保坎工程治理，另一方面应在陡坡上人工种植一些根系发达的小乔木和灌丛植物以提高水土保持的效果和强度。并建议在这面山坡的高处进行截流引水工程处理，也就是尽可能地将山体上部的降雨形成的径流水，利用辅助工程渠道流向办公区和别墅区以下直接导人谷底溪流中，这样便将滑坡发生的可能性降低到最小程度，同时对办公区、别墅区的地质基础也可以起到稳定和保护作用。

可是我的这些中肯的建议并未引起开发商和有关部门的应有警惕，当然也未曾采取必要的防护和治理措施，并且，不幸而被言中。在2013年7月13日凌晨时分，一场突如其来的山洪泥石流将风景如画的2号温泉度假村摧毁得面目全非，以至于不得不停工歇业，等待全面的考察规划和必要的灾害和环境评估——但是，无论怎么考察，无论怎么规划和评估，我相信都不会和当年我的判断出入太远，因为，那以前，我对2号温泉沟里沟外的考察不下20次，那是我用我的心灵和脚步丈量过的地方啊！

如果仅就地理位置而言，海螺沟“神汤”温泉具备一定的优势。“神汤”温泉地势相对较低，海拔只有1600米左右。河谷谷地较宽，两岸山体较为平缓，温泉所在的古冰水阶地工程地质基础比较稳定，和2号营地以及1号营地（河谷）相比，无论洪水还是滑坡、泥石流的影响几率明显变小。

由于1号营地温泉正在进行基础设施的建设之中，2号营地因为灾害评估和工程治理等原因处于歇业状态，海螺沟目前只有“神汤”温泉仍然全方位开放为游客服务。

“神汤”温泉和1号营地与2号营地温泉同处于贡嘎山东坡海螺沟构造带，流量大，水温高，没有明显的异味，其品质和1号营地与2号营地的温泉大同小异。

“神汤”温泉目前设有19个开放式汤池和四个相对独立的汤池。最大的户外汤池与标准游泳池一样，宽25米，长50米。

董事长周仲文先生率领全体员工，利用海螺沟各种各样的自然资源条件优势，在景区管理局的优质服务和管理下，一定会将“神汤”温泉打造成为一流的生态旅游和度假休闲疗养基地，成为天府之国海螺沟风景名胜区后花园里更温馨更惬意服务更周到的现代“华清池”。

1号营地温泉泉眼群处于海螺沟河谷比较狭窄的一段地方。要在河谷谷地就地建设温泉设施容易受到洪水的损毁破坏，安全系数相对较差。有开发商就在原来1号营地接待处和森林瞭望塔附近建立相关设施，将沟谷底部的温泉泉水抽上来用于度假休闲洗浴理疗。

2号营地温泉冬景

海螺沟风景名胜区的核心是现代冰川和现代冰川群，尤其是海螺沟大冰川瀑布，辅之以大片的冰川原始雨林，还有成片成片的红石滩，更有多处类似“神汤”温泉等高质量高品位的温泉汤池，这些大自然尤物们自然天成，彼此为邻，优势互补，相得益彰，构成了海螺沟景区难得的复合景观系统。

温泉的形成

世界上的高峰大山无一不与地壳的构造运动密切相关。

在地壳的构造运动中，地球的一部分地壳发生断裂下陷而成为谷地或盆地，一部分被推挤隆升而成为山脉。在一些山脉的高峰四周，基本上都是由一些断裂谷地所围绕，也就是在这一系列的围割谷地中分布着一条又一条的断裂带，而地球内部的高温岩浆体便透过这些断裂薄弱带释放着源源不断的热量。当地表水沿着这些谷地中的裂隙下渗与上升的地热相遇后随即产生高温高压的水的蒸气。过热的水蒸气在沿着这些地层裂隙上升过程中一部分仍以蒸汽形态出露于地表，我们称之为汽泉，一部分以热水形态出露于地表，我

2号营地温泉源头大瀑布

海螺沟温泉原始地貌

们称之为热泉或温泉。

在1998年雅鲁藏布大峡谷徒步穿越活动中，瀑布分队队员金辉和徐进就发现，在加拉白垒峰南坡接近雅鲁藏布江岸的一处高温热汽泉将岩石都烤得滚烫滚烫。就在我们进入雅鲁藏布大峡谷顶端的途中，一个叫作玉梅的帕隆藏布江河滩上，有一处面积达数百平方米的新月形的热水湖，湖水热气蒸腾，来往过路行人跳人洗浴之后，旅途中的疲劳一扫而光。

2号营地温泉一角

“神汤”温泉汤池一角

贡嘎山四周都有优质优良的温泉出露，在位于贡嘎山南坡的田湾河，在北坡的康定城，更是温泉的世界，尤其是康定城。早在20世纪抗战时期，不少国民党要员，比如于右任先生等都不辞辛苦，来到康定二道桥洗浴温泉，国画大家张大千先生1947年步行千里，慕名康定温泉有“原水”、“却病”、“健体”等功效并为之情动，撰文宣传说“御林宫明正土司避暑别墅也，雪山温泉皆绝胜”。在康定原毛纺织厂附近的御林宫更是温泉之乡。

1996年初春，笔者与陈富斌和中科院成都分院原测试中心的刘履华教授，在甘孜州人民政府专拨项目启动经费支持下，为配合国务院关于实行长江上游天然林保护工程，彻底扭转当地“木头财政”的恶性循环怪圈，为了甘孜州大旅游环线规划的实施，曾到康定御林宫等地对温泉资源进行了科学考察。

通过对大约65平方千米区域范围的详查，又对大约600平方千米区域进行了线路考察，我们选择了其中18处温泉点进行了连续13个月的观测，取得各类数据3000个，对28组现场温泉水样进行了1200组数据的分析、测试，对各温泉点在丰水期、枯水期和平水期的水质动态进行检测，共最终获得4000组科学数据，发现仅在贡嘎山北坡康定原毛纺织厂附近的御林宫一处就分布着13个可以定名的热矿泉。

比如其中1～10号泉可以定名为硼质碳酸、锂、硅、氟、硫化氢、镭、重碳酸盐复合医疗矿泉群；

2号、4～6号和10号泉可以定名为碳酸、硼质锂、硅氟、硫化氢、镭、重碳酸钠复合医疗矿泉群；

4号泉则为碳酸、硼质钾、硅、氟、硫化氢、镭、重碳酸钠复合医疗矿泉水；

5号泉可定名为锂、硼质硅、氟、硫化氢、重碳酸钠复合医疗矿泉水；

9号泉则可定名为碳酸、锂、硼质硅、氟、硫化氢、重碳酸钠复合医疗矿泉水；

2号泉为硼、硫化氢质锂、硅、氟、重碳酸钠复合医疗矿泉水；

1号泉为碳酸、锂、硼质硅、氟、镭、重碳酸钠复合医疗矿泉水；

丰富的贡嘎山地热资源

3号泉为碳酸、锂、硼质硅、氟、重碳酸钠复合医疗矿泉水；

7号泉为锂、硼质硅、氟、重碳酸钠复合医疗矿泉水；

8号泉为锂、硼、铁质碳酸、硅、氟、镭、重碳酸钙钠复合医疗矿泉水；

11、12号泉为硅、氟、重碳酸钠复合医疗矿泉水群，等等。

除了上述有关矿泉水中的微量矿物元素达到命名标准之外，不少矿泉水中还含有一定浓度的人体中必需的多种微量元素，比如1号泉水中便含有锶、锌、碘、溴等10～15种元素。

康定御林宫温泉群中水温最高的是位于御林宫龙头沟南侧的5号泉，水温高达85 ℃，这也正是海拔2600米御林宫地区自然状态下液态水的沸点了。

贡嘎山周围天然热、矿泉水出露点达数千处，最高水温可达当地天然状态下液态水的沸点，大多数水温都高于40℃，有少数温泉水温也接近人体温度。

贡嘎山地区的温泉真是无处不有，无处不在，这是贡嘎山地区旅游业可持续发展的十分重要的财富性资源，在贡嘎山旅游资源配置配套系统中，这是吸引客人，留住客人，有益于客人健康旅游的资源亮点。

如果说贡嘎山风景名胜区的靓

羊八井地热喷气口

羊八井

位于西藏念青唐古拉山主峰（海拔7111米）南坡的羊八井是世界上少有的著名的天然热汽水资源区。在方圆几百平方千米的羊八井盆地中，到处都有天然的热汽、热水泉出露。1975年当人工钻探成功第一口热汽井后，只见突然喷发的高温水汽直冲云天高达100多米。

点是蓊葱茂密的高山原始森林，热点是大面积高山高温高质量温矿泉，那么她的灵魂就是我们马上就可以亲临其境的山地海洋性现代冰川了。

其实，在从2号营地到3号营地的途中，以及在3号营地附近，都有潜在地下温泉资源的可能。地质地理专业知识告诉我，但凡有温暖出露的地方，往往会含有硫磺一类的露头存在，在3号营地上下好几处地方都有被硫化物浸染过的岩层，索道站的小地名叫“黄崩溜沟”，那个“黄”字正好道出了曾经有硫磺露头的信息。再说，海螺沟本身就是一条东西向大断裂构造带，来自上地幔的地热总会沿着那些地壳薄弱环节向地表释放。即使没有现成的通道，如果像海螺沟“神汤”温泉那样，施以钻探，就会形成新的温泉泉眼。

为了进一步确证我的这一推断，我还在2004年，特别邀请了我的藏族朋友，中国工程院院士多吉教授一同到海螺沟3号营地，就那里的温泉资源进行了科学考察。考察结束后，多吉院士完全同意我的观点。多吉院士在西藏羊八井地热的开发建设中有过诸多贡献。只是由于3号营地的第四纪堆积物太厚，要想在那里打出温泉就必须进行必要的物探，找准最薄弱的地层，再施以工程钻探，果真如此，那么，我们的海螺沟就会在现代冰川的“眼皮”底下，冒出一股两股或者三股滚烫的热水来，要是真有那一天，朋友们就会身临其境地体会到什么叫作“环球同此凉热”了。

十二 海螺沟冰川——横断山地区最大的现代冰川

贡嘎山冰川知多少?

海螺沟冰川是贡嘎山地区最大的一条现代冰川，推而广之，也是横断山地区最大的一条现代冰川，更是青藏高原东缘山地最大的一条现代冰川。

据中国冰川学创始人施雅风院士领导的中国冰川目录统计项目成员蒲健辰教授等统计，位于横断山地区的怒江、澜沧江、金沙江（除唐古拉山地区）、岷江等流域的现代冰川共有3213条，总面积为2920.52平方千米。横断山主脉，也就是贡嘎山所在的大雪山共有现代冰川195条，冰川面积有338.88平方千米。而大雪山主峰，也就是蜀中第一峰的贡嘎山及附近余脉，共分布有现代冰川92条，面积为267.27平方千米。主峰四周则共有现代冰川76条，面积为227.15平方千米。

关于贡嘎山地区究竟有多少条现代冰川，历来众说纷纭，多少不一。有些专家说

贡嘎山鸟瞰

此图由中国科学院兰州冰川冻土研究所与中国科学院青藏高原综合科学考察队绘制，1985年正式出版。

南门关沟
燕子沟 Yanzigou
海子凼
Haizidang
Mozigou Glacier
磨子沟 Mozigou
中山峰
Mount Zhangshan
麻黄梁子
Mahuangliangzi
海螺沟 Hailuogou
黄崩溜
Huangbengliu
黑松林
Heisonglin
Hailuogou Glacier
长草坝
Changcaoba
狮子岩
Shiziyan

共有71条，有些专家说共有72条，还有些专家说共有74条。冰川面积数据差异不大，都在250平方千米左右。

《中国冰川目录》是按国际冰川目录临时技术秘书处（Temporary Technical Secretariat，简称TTS）统一要求编纂的，按世界冰川学权威、瑞士人米勒教授（Prof. F. Muller）等编著的《世界永久性雪冰体资料的编辑与收集指南》一书的规范进行，对中国冰川逐流域，逐条进行统计量算出来的，也是目前中国冰川最权威的统计数字，所以，贡嘎山主峰周围目前发育着现代冰川76条，面积为227.15平方千米才是最为确切的数据。在贡嘎山主峰四周，冰流四溢，冰川雪原起伏连绵，在山腰面积更大的原始林海的衬托之下，更显横空出世的挺拔和俊美。

在四溢的冰流之中，有好几条银色巨龙般的现代冰川尤为引人注目：海螺沟冰川，磨子沟冰川，燕子沟冰川，南门关沟冰川，大、小贡巴冰川，这几条大型山谷冰川恰似一张开五指的巨掌，将贡嘎山主峰托起在高高的云天之上。

海螺沟冰川是这巨掌之中最长大的“中指”。目前其冰川的长度为13.1千米，面

磨子沟冰川

燕子沟冰川末端

积为25.71平方千米。

按逆时针，依次为：

磨子沟冰川：11.6千米长，面积26.76平方千米；

燕子沟冰川：10.5千米长，面积32.15平方千米；

南门关沟冰川：10.0千米长，面积16.71平方千米；

小贡巴冰川：6.9千米长，面积6.46平方千米；

大贡巴冰川：11.0千米长，面积20.21平方千米。

冰川学家一般将长度在10千米和10千米以上的山谷冰川称为大型山谷冰川。

大贡巴冰川位于贡嘎山西坡，在田湾河的上游。与大贡巴冰川毗邻的还有一条叫作小贡巴冰川。就在不到100年的时间以前，大、小贡巴冰川还曾经分别自贡嘎山峰顶南北两侧流下，到了海拔3500米左右的贡嘎河（即田湾河上游支流）源头合流一处，那气势，那规模更是恢宏无比。后来到了20世纪50年代初期，两条冰川末端渐渐一分为二，表面上成为了两条山谷冰川，其实下面的冰川冰体，就在我新千年之初现场考察时还发现仍然彼此相连接。也许在经历了人类目前面临的持续增温过程之后，它们也必将产生更大的距离，下面的埋藏冰也会彻底断开，冰川规模会变得更小。三十年河东，三十年河西，分分合合，时聚时散，不仅人类社会如此，自然界也概莫能外。一旦下一个寒冷期到来，贡嘎山冰川和地球上其他有冰川覆盖的地方一样，冰川面积还会增加，相信大、小贡巴冰川又会重新聚汇在一起。

在田湾河的中、下游，还有一个叫作巴王海的支流，在它的上游，还发育着一条流向由东朝西的山谷冰川，目前长度仅为3.8千米，面积6.30平方千米，冰川末端高悬于海拔4400米处，我们叫它为巴王沟冰川。

巴王沟冰川在几千年以前，可不像现在的模样，那时正处于地球上一个叫新冰期时代的寒冷期，巴王沟冰川和附近的好几条冰川一起合力向下，一直流到巴王海湖泊的岸边，长度也曾达到15千米以上。由于地处贡嘎山的南坡，可以接受到更多的太阳辐射热量，在同等海拔和气候环境条件下，南坡的冰川规模一般都不如其他坡向的冰川发育有利，主要的原因就在这里。

巴王沟冰川

壮观的海螺沟冰川冰瀑布

海螺沟冰川

还是回过头来说说贡嘎山冰川“巨掌”中的最长的冰川——海螺沟冰川吧。

目前，贡嘎山之所以更为出名，感性地讲，不是由于贡嘎山是青藏高原东缘横断山的第一高峰，也不是由于贡嘎山是我们蜀中最高峰，而是由于海螺沟冰川的缘故。

从理论上讲，宇宙中许多行星或者卫星都可能存在水体，因为组成水体的氢气和氧气是构成宇宙物质的基本元素之一。又由于所有的行星和卫星都是按一定轨道围绕着恒星或行星运动，因此必然会形成自己的两极。在星球的两极区域或吸收热量少的那一面便可能形成永久性的冰层。

地球上不仅两极地区有万年冰川，在各高山高原上都容易分布、发育永久性积雪或冰川。

人类对冰川的依赖和利用历史很长，但是规模不大，范围也是十分有限的。

生活在北极圈附近的因纽特人就利用冻结的雪块搭建房屋，在冰面上凿洞捕鱼，利用广袤的雪原驾驶驯鹿拉雪爬犁。我国西北维吾尔族早在汉代就开始把冬天的冰雪深藏在地窖中，等到夏天取食以消暑解渴，并利用藏冰的地窖保鲜牛、羊肉和瓜果蔬菜等食品。封建时代的皇宫贵族更是在宫苑中建立保冷地宫，将冬季的冰块藏入其中，以供夏日随时享用。

但将冰雪或者冰川作为旅游观光的景观地貌对象则是近现代工业化以后的事。

人类工业化后，生产力大大提高了，在创造大量物质财富的同时，人们的休闲旅游意识也就以比生产力和物质财富增长还快的速度提高和增强了，尤其当拥挤的城市越来越拥挤，现代的都市越来越现代，先进的科技越来越先进，越是讲环保却越来越不怎么环保的时候，人们有意无意地将目光齐刷刷地投向了人类本来就从那里走出来的乡村、山林，去追求原本就属于我们人类先民们的原始、自然界的野性，回归应该是人类进入现代文明之前的最早发祥地。当近年来气候有些变暖了，气温有些升高

海螺沟冰川雨林

海螺沟冰川探幽

了，不少的人群终于将目光齐齐地投向了冰川，尤其是我们居住在城市的人群。

不是吗？如果一个被开发的景区有冰川，那么这个景区的“含金量”便陡然而增，尤其是距离城市群极近的贡嘎山，由于一条蜿蜒于原始森林之中的海螺沟冰川，由于海螺沟景区的“含冰量”的厚重，海螺沟景区的“含金量”便随之而身价十倍！百倍！可以说在贡嘎山，在海螺沟，冰价则等同于金价或者有甚于金价了！

由于海螺沟内有集热的温泉、冷的冰川、绿的森林、白的雪山；

由于海螺沟是集冰冻圈、生物圈、人类活动圈于一体，而且它们彼此互相层叠，互为交融，和谐相处，“你”中有“我”，“我”中有“你”；

由于海螺冰川距离现代大都市又是如此的近，于是更成为都市人群休闲旅游的必选路线之一。

海螺沟冰川发源于贡嘎山东坡，它的上源也就是我们通常所讲的冰川积累区是一个宽浅的积累盆地，积累盆地的后方和周围就是构成贡嘎山主峰的几近直立的崖壁，积累盆地的出口就是著名的海螺沟大冰瀑布的上沿，从这里向下，一泻千米的大冰瀑布将积累区的冰雪物质以肉眼难以察觉、但在冰川运动学中却是十分快的速度（据测流速最快可达1000米/年以上！）运动到海螺沟冰川的下游，也就是冰川学家们通常讲的冰川消融区了。

许多大型山谷冰川从积累区到消融区都会出现一种叫作“迭水”地形的突变地貌，原因很多，有山体隆升过程中的间断抬升的原因，也有由于冰雪拓蚀挖掘作用的原因。因为山体上部海拔高，寒冻风化作用强，大量的积雪在年代久远的时间里将积累区的下伏地形塑造成一个宽浅的圈椅状的盆地。凡是去过西藏，去过甘孜，去过康定折多山、理塘海子山、德格雀儿山的人都很容易见到这种高位冰蚀盆地。这些盆地原本都是冰川的积累区，由于近几百年来地球气温的升高，这类海拔不太高的小型冰川便从冰冻圈中“全身而退”，给人们展现出一幅幅冰川如何塑造地形地貌的地质历

贡嘎山主峰大冰瀑布

史画卷。

海螺沟冰川积累盆地的面积远远大于消融区的面积，读者朋友如果有兴趣的话，可看本书所附的《贡嘎山冰川图》，图上面的海螺沟冰川轮廓分明，有明显的海拔高度和比例尺，还有一条冰川雪线将冰川分为积累区和消融区两大部分，读者可以根据相关的数学计算知识，量算出海螺沟冰川的积累区长度大约为6.3千米，面积为21.33平方千米，消融区长度为6.8千米，面积仅为4.38平方千米。当获得这些数据后，你就不会太过惊讶，为什么海螺沟冰川的消融区会形成一条长长的冰川舌，蜿蜒伸人到莽莽的原始森林里而永远地定格在那绿色的林海之中了。

在地球的引力作用下，海螺沟冰川的积累盆地中的积雪一边由密度比较小的仅0.1 ~ 0.3克/立方厘米的雪花变成粒雪，由粒雪变成比重比较大的0.8克/立方厘米以上的冰，一边向积累盆地的出口缓慢地运动。当溢出盆地边缘出口，进入冰瀑区后便由原米的每年几米的运动速度变成了几百甚至上千米的运动速度向下游流去。别以为即使在每年几百米的速度运动着，我们人类虽然无法用肉眼直观地去感知这种运动状态的存在，可是对一条山谷冰川而言，每年以几百、上千米的速度向前、向下运动着，已经属于“溜缰的野马”了。

当然，冰川也有比这运动速度大得多、快得多的，不过那已经属于非常态的“跃动冰川”类型了。有关“跃动冰川”的故事，我在《大峡谷冰川考察记》等书中有专门的介绍。

经中国科学院原兰州冰川冻土研究所专家苏珍教授、宋国平工程师考察认定，海螺沟冰川积累区年运动速度仅为几米到几十米。虽然对冰川瀑布区因无法直接施测不能量出具体的运动速度，但通过对冰瀑布的足底部附近的测量，发现在海拔3551米处多年平均运动速度已达到213 ~ 215米以上，从冰川运动学的理论上讲，这一带已经属于海螺沟冰川的“压缩流段”了，它的运动速度比之于其上部冰川瀑布区的“伸张流”要小了许多，所以推测海螺沟冰川冰瀑布中冰体的运动速度最少也在每年l000米以上。

一泻千米的冰瀑布运动到它的“足底”部后，“一路狂奔”的冰体将运动速度骤然降下来，在这一带形成了强烈的推挤、压缩，加上冰川运动也与河流大同小异，中流速度大于两侧，于是在差别消融的配合下，形成了冰川美丽的弧拱构造。

正是这神奇的冰川弧拱构造，当年有人将其比拟为海螺贝壳的纹饰而以此命名为海螺沟冰川，进而将河流的名字也定名为海螺沟了。

许多大型的山谷冰川都有弧拱构造，尤其是在冰流经过地形突然变化之后几乎都会出现这种必然的冰川构造现象。只不过我们的海螺沟先人特别具有想象力，于是今天才有海螺沟冰川和海螺沟这般美丽的名字。

冰川瀑布也是世界上许多大型山谷冰川都比较普遍的冰川地貌景观。

仅就我们中国西部的各大冰川区，都可以随意地领略到冰川瀑布风光，像同为横断山的云南丽江玉龙雪山冰川，本身就以十分陡峻的坡度几乎悬挂在山体上，不过由于玉龙雪山冰川规模尚小，还不足以称为山谷冰川，在冰川形态分类学上只是算得上冰斗悬冰川或冰斗山谷冰川而已；在云南迪庆州梅里雪山东坡的明永冰川也是以几乎连续的冰川瀑布一泻几千米而至末端，所以那里常年雪崩频发，致使多次发生雪崩灾害。如1991年春夏之交，竟将攀登梅里雪山的19名中日队员全数罹难于无情的雪崩之中。其中，中日双方的登山队长都是我的朋友，中方队长宋志义，甘肃武威人，在天山托木尔峰、西藏南迦巴瓦峰等登山和登山科学考察中我们曾是朝夕相处的队友。

冰川弧拱构造景观

日方队长名叫井上一郎，本来，那次梅里雪山登顶归来后，他将和我合作对川藏公路冰川灾害（如地震时冰川突然快速前进可能引起冰湖溃决、洪水等灾害）进行科学考察，井上一郎为日方队长，我为中方队长。谁知他一去不返，竟然同时被梅里雪山那无情的雪崩夺去了正当壮年的性命。最后，他的朋友，也是我在南极科学考察的朋友、日本京都大学防灾研究所的赤松纯平教授接替他出任日方队长。当1992年我们乘车途经西藏芒康县时，面对南面的梅里雪山那危机四伏的冰瀑布，我、赤松纯平、森永由纪等一行人，对我们共同的朋友举行了虽然简单但却十分沉重的祭奠仪式，愿朋友们的亡灵在洁白无瑕的雪域中永垂不朽！

海螺沟冰川的融雪水瀑布

在西藏东南部的大型山谷冰川中，其规模都有与海螺沟冰川瀑布几可匹比的大冰瀑布，比如察隅县境内的阿扎冰川大冰瀑布，其垂直高差达700米；位于波密县境内的米堆冰川（也就是日本朋友井上一郎计划与我同去的那条冰川）竟发育着复式冰瀑布。米堆冰川上的两条冰川瀑布上下同源同流，中间被一倾斜的基岩岛山分开，基岩岛中长满了松杉一类的原始森林和杜鹃等高山灌丛植物，我曾戏称为这是

云南梅里雪山

生物圈开设在冰冻圈中的“办事处”。米堆冰川上两条冰瀑布的垂直高差都在900米左右，十分壮观雄伟，现在已被当地政府开辟为旅游景区了。米堆冰川曾经是我率队于20世纪90年代初进行首次科学考察的现代冰川。

在波密县的易贡乡易贡藏布江的上游几乎每一条沟谷源头都有一条或几条大型山谷冰川，那里是我国季风型海洋性冰川分布最集中的区域，其中有西藏地区最长大的山谷冰川卡钦冰川，还有二战驼峰航线飞机失事遗落残骸被发现的若谷冰川，这些冰川上都有规模巨大的冰瀑布发育。我曾多次去那里进行科学探险、考察。卡钦冰川和若谷冰川都是我和我的同事朋友首次科学考察的冰川之一。

海螺沟冰川的大冰瀑布的垂直高差目前定为1080米，这是从科学家手中一比十万地形图上量读而得到的数据，是经过对地形图上等高线的疏密度的变化特征定位出冰瀑布的起始位置，然后获得它的垂直高差的。

就目前所考察认定的科学数据而言，还没有哪条冰川的冰瀑布的垂直高差超过海螺沟冰川上的大冰瀑布的。海螺沟冰川大冰瀑布应该是目前我国甚至亚洲所考察发现的最大的一条冰川大瀑布！

十三 千变万化的冰川消融区

冰川雪线

冰川雪线将一条冰川分为自然地理环境和地貌景观完全不同的两个部分。

冰川上的雪线是难以用肉眼能观测到的。平时人们所观察到的某处山体上有积雪覆盖的边缘，准确地讲那并不是真正意义上的雪线，那只是一场大雪之后在太阳照射下积雪融化到某一个海拔高度时的临时界线。当然也不妨将它称为“临时雪线”，因为一旦降雪停止，天气好转，积雪便会向上退去，直至完全消失。

要是你曾去过青藏高原，你会见到那延伸在天穹尽处的喜马拉雅山、唐古拉山或者昆仑山上，往往会有一系列银白色的冰雪覆盖，虽然那些冰雪体并非整齐划一，而是犬牙交错，呈一定形状地自山体上部沿着宽浅的山谷延展而下，似乎也能在山体的山腰将那些白色的冰雪体的末端大致连成一条“线”，认为那或许就是雪线了。不少颇有见地的旅行探险者或媒体记者都把这条并不连贯的线称之为雪线。其实，这也不叫雪线，如果那一条条自山顶蜿蜒而下的都是冰川的话，那么冰川学家便将之定义为“冰线”，就是一条山脉中无数条冰川末端断续延伸的海拔高度连线。

昆仑山的“冰线”

真正科学意义上的雪线是通过一种叫作“冰川物质平衡”方法计算出来的高度线，冰川雪线在通常情况下都位于一条冰川的中上部位。在那条“线”以上，每年的降雪量大于消融量，在那条“线”以下，每年的消融量大于降雪量。而位于冰川雪线上的年平均降雪量一定等于年平均消融量。

海螺沟冰川的雪线目前大约位于大冰瀑布的顶端，大致在海拔4900～5000米左右

海螺沟冰川消融区的末端，也就是我们说的“冰线”，目前海拔高度为2980米，这里就是著名的海螺沟冰川“城门洞”。

走进海螺沟冰川消融区的末端

从3号营地出发，翻过一道布满麦吊杉、峨眉冷杉和桦树、水冬瓜杨树的古冰川侧碛堤，沿着一条“之”字形小道（现在的步行小道已经被一条高等级的观光公路所取代）走不到20分钟，就下到海螺沟河的源头，再沿着长满沙棘的冰水河漫滩信步向

海螺沟冰川大冰瀑布（1995年）

上游走去，就听见夹杂着冰块、石块流动的冰川融化形成的河水声，伴着冰凉的冰川风迎面扑来，再跨过几处冰川退缩时留下的冰碛物形成的蛇形或驼峰形小岗，只见一道像城堡一样的冰川壁矗立在你的视野之内，这“城堡”横断整个谷地，猛地一看，一般游客很难把它和晶莹剔透、洁白无瑕的冰川联系起来，但只要你走近一看，便立即会被那“城堡”中厚厚的蓝宝石般的冰川冰所震撼！

这就是海螺沟冰川的末端，这就是从海拔7556米的贡嘎山峰极巅处一路“走”来的海螺沟冰川的末端。只见两侧森林密布，“城堡”上部覆盖着一层看似厚重，其实依然是薄薄的一层“冰川表碛”，在不断消融作用下，冰川表碛中的泥土砂砾把一些冰体污化了，但瑕不掩玉，它们只能够污化冰体的表层，而骨子里，冰川仍然“我行我素”、“出污泥而不染”。在那里，如果你细细地观察便可发见，只要融水流过，便立即突显出冰川那“如玉之身”。

冰川退缩后留下的冰碛丘群

1994年拍摄的海螺沟冰川末端“城门洞”

冰川的消融区看似一动也不动地竖卧在那长大的谷地之

2014年拍摄的海螺沟冰川末端“城门洞”

中，但其实它在夏季无处不在被消融着，各个部位的消融水通过冰川上的冰面河流、冰面湖泊、冰下河流，最终汇聚起来，流向冰川的下游，在冰川末端或者一处，或者几处夺路而出，在出水处形成一个个冰壁围成的通道，其中最大的冰川融水通道，当地群众又给它取了一个好听的名字——“城门洞”。既然冰川末端恰似一城堡，城堡有门，那门便是冰川融水的出口处，那冰川融水的出口处也就是海螺沟河流的源头了。

君不见，我们的长江、我们的黄河、我们的雅鲁藏布江、我们的叶尔羌河，以及中国西部的成千上万条大大小小的河流，就是如此发源的，这样生成的，它不见沧海横流，它不见波涛汹涌，到了冬天，甚至连涓涓细流也没有，但是这就是生出万里江河的源泉，这就是孕育了人类一个文明又一个文明的江河之渊源啊！

我们每个人，来到一条冰川，千万千万要带着感恩的心情，带着思源的意念，怀着顶礼膜拜的虔诚，不是去征服，不是去满足，而是去朝圣，去瞻仰，去拜谒。朋友们，当你来到海螺沟冰川“城门洞”，看到那默默无声的百年、千年甚至万年冰川冰和从冰川末端涌出的冰川融水时，你一定会要有如此圣洁的心态，也应该具备这样圣洁的心态啊！

在“城门洞”前，向两侧望去，只见两道高高的冰川侧碛堤分别自上而下延伸到下游一个叫作“大岩窝”的地方，经过考察认定，大约在公元15世纪的时候，海螺沟冰川曾经延伸到那里。那里的海拔为2750米，距目前的冰川城门洞水平距离为3千米左右，当时的冰川也比现在的冰川要厚100多米。现在冰川的后退并非自今日始，有人把冰川的后退硬和人类的进入不分青红皂白地联系起来似乎也有一定道理，可是冰川存在的进退变化主要是和地球总体气候环境变化相关，并非人类力量而可为矣！要是人类真正能将冰川从地球上“消失”，不就可以反证“人定胜天”的理论可成立吗？须知，人定是不可胜天的！海螺沟冰川早在距今几万年之前的末端甚至比大岩窝还要低，还要远，一直远到目前海拔2600米左右的2号营地甚至海拔1900米处的1号营地！请问，那个时候我们人类的祖先还处于茹毛饮血，穴居山洞的历史阶段，哪有那水平去用什么汽车尾气污染环境，营造“温室效应”的手段，让冰川如此的消融后退呢！

冰川磨光面

别看冰川总是那么文静，那么静默如处子，那么尔雅像君子，那么温情似少女，可是，当你看见海螺沟冰川消融区两侧岩壁上那如刨光机器削光磨平的崖面时，你可想象得到那就是冰川在“静”如处子似少女的运动过程之中对地球大地的雕蚀伟力之所在吗？

海螺沟冰川磨光面和刻槽擦痕

海螺沟冰川消融区两侧高约200多米的冰川“磨光面”令许多地理学家、地貌学家都感到十分惊讶。冰川的磨光面是怎样形成的呢？

当厚厚的冰川流经谷地时，冰体本身以及冰体中携带的砂砾石碛和谷床基岩形成一种说动不动、说静不静的定向压力。俗话说：水能穿石。天长日久，基岩便被相对柔性的冰体和也许同样并不坚硬的石碛砂砾打磨得光滑无比。

这种磨光面在古冰川流经和覆盖过的基岩岩石上都可以发现。海螺沟冰川消融区两侧的磨光面在青藏高原冰川作用区算是十分典型的，不仅是作为恢复第四纪古冰川作用的地质地貌环境的重要研究证据和地质史料，同时也是高等学校有关地学专业教学和中、小学生以及普通民众科学普及的现场实物佐证。

螺髻山巨大的古冰川刻槽

南极鲸背岩

就作者亲身观察而言，世界上规模最大的冰川磨光面当数南北两极，尤其是南极冰盖的边缘，当冰盖因气候变暖影响后退时，成片成片的冰川磨光面便显露在世人面前，不过这些磨光面更多的是呈水平方向裸露在一些基岩岛上面的，有的像鱼脊，有的似羊背；大的似岛山，小的也有几百平方米大小。据其形状，冰川地貌学家将其称之为鲸背石或者羊背岩。在海螺沟冰川谷地中和四川西昌地区螺髻山中不仅可以观察

海螺沟冰川上的游客

到古冰川磨光面，还可以发现古冰川作用过程中形成的规模宏大的冰刻槽，刻槽上下延伸的方向与当时冰川流动的方向一致，而刻槽的规模可大可小。海螺沟冰川刻槽最长达30多米，高1.5米，而螺髻山最大古冰川刻槽可长达50余米，内径高达5米多。不过，凭多年冰川科学考察研究的经验，我以为规模更大的冰川刻槽和磨光面应该隐藏在海螺沟冰川覆盖下的某一个地方。

海螺沟冰川旅游

朋友们如果去海螺沟冰川旅游时，在条件许可的情况下，比如在有专业知识的导游带领下，在天气状况允许时，和家人和朋友，可以在冰川上漫步徜徉，与冰川零距离接触，细细地体味现代冰川那特有的体香和韵味。

说是漫步，看似轻松，其实在冰川上行走原是颇为费力的事，一是溜滑，二是石碛多，三是冰裂隙纵横，不仅费体力，而且危机四伏。

在冰川雪线以上区域行走，按登山和科考规范必须结绳成组，每组至少3个人。这样可以防滑坠，一个人万一“马失前蹄”，跌入冰裂隙，另外两个人凭着自身的体重也可以保证跌坠遇险者万无一失。可是如果在高山积雪坡上，一人失足也可能将同一结组的其他人连带席卷而下，所以野外行走探险也不能一概而论，应根据当时的具体情况分别对待。在冰、雪地上行走，最好穿上钉鞋或鞋上要套上脚码，手上拄着冰镐，一旦高山冰雪坡面滑坠，脚码可以增加人体与冰雪面之间的摩擦力，冰镐可以反

危机四伏的冰川裂隙

身挖入冰雪之中以减缓下滑速度和动力；如果自身的体重太轻不但不能救援前面失足的同伴还有可能被连带一块下坠时，还必须以最快的速度利用随身携带的工具刀割断结组绳以免酿成更大的悲剧。

一般而言，在冰川消融区行走的危险性并没有那么大。冰川到了消融区，坡度已然大大降低，冰面由于消融时产生的高低不平的微地形地貌（我们称之为消融壳）也不会那么溜滑，加上出露的冰川表碛石块也在一定程度上增加了安全度，只是在跨越裂隙时一定要小心谨慎。

海螺沟冰川和绝大多数山谷冰川一样，在广大的消融区中可以观赏领略到形形色色、奇形怪状的冰面和冰下地貌景观，这是冰川奉献给我们人类的多彩美丽，展现给人类的大自然知识，袒露给探险者们的神奇奥秘。

冰裂隙——冰川运动景观

冰川在运动中由于各个部位受力不均，有的地方以张力为主，有的地方以压力为主，有的地方运动快，有的地方运动慢，有的地方下伏地形高，有的地方下伏地形低，有的地方谷床顺直，有的地方恰逢沟谷弯转，于是表现在流动的冰川体中便发生一系列的挤压、拉伸、断裂或者弯曲变形，所以就产生了各种各样的构造形迹，冰川裂隙就是这些构造形迹中一种常见的冰川地貌现象。裂隙一经产生，它们接受太阳辐射的方向、强度和大小随即产生分异和变化，随即产生差别消融，于是有的裂隙越裂越深，有的裂隙越裂越宽，当然有的裂隙最终又被夷平消失……

要是探头向冰裂隙深处望去，也许会观察到千姿百态的冰钟乳、冰笋、冰溜柱，还能听到冰内河道潺潺或者哗哗的的流水声！

一般而言，冰川上的裂隙都是呈尖没形态分布，除非必须从某处通过不可，一般情况下可以沿着裂隙的一边绕道而行，当走到裂隙最窄处或尖没处时再行通过，除了多费体力之外，绝对不会发生掉入裂隙之中的危险。

冰川裂隙自然不失为冰川景观系统中的一道风景线！

海螺沟冰川的冰裂隙主要分布在大冰瀑布和消融区黑松林和长草坝之间的冰川部位。此前有人将其定位为冰塔林，这是不科学的。冰塔林主要发育分布在类似珠穆朗玛峰，西昆仑山等大陆性冰川上；像海螺沟这样的海洋性冰川区，由于空气湿度大，太阳的短波辐射在接近冰川表面之前多被空气中的水汽所吸收，再转化为长波热散射或者长波红外热辐射，所以是不可能形成冰塔林景观的。物理学和冰川学常识告诉我

珠穆朗玛峰北坡冰塔林

喀喇昆仑山冰塔林

们，形成冰塔林最主要的因素便是高角度太阳短波的直接辐射，而热辐射和散射辐射都属于长波辐射，对冰川的融蚀作用只能是多方向的夷平过程。

冰河、冰湖、冰溶洞——冰川消融景观

从远处望去，每条冰川似乎都只是一种冰体的简单堆积。像海螺沟冰川的中、下游地段，由于上面覆盖了许多大大小小的石碛砂砾（我们称之为冰川表碛），便以为这是一个并无生气的平常地方。其实不然。

海螺沟冰溶洞

海螺沟冰面湖

沿着“城门洞”北侧的一条“小道”——说是小道，其实这里并无什么道路，只是凭直觉这里有可以供人攀爬行走的地形而已——便能进入海螺沟冰川的表面。

突然，一阵哗哗的流水声会让你驻足不前。

分明，海螺沟河的源头是在刚才离开的“城门洞”，怎么在这“荒漠”一般的冰川上还有水流声呢？而且似乎不止一处，侧耳细听，前后左右似乎都有水流声。有的细小，有的喧哗，有的震耳欲聋；再仔细地一看，就在不远处，一条时隐时现的冰面河流从上游的一个冰洞中涌出，经过一段冰河后，又突然钻进下游的又一个冰洞潜入冰下。原来这就是冰川上的河流。冰川的消融水在冰面、冰内汇集后形成了时而冰面时而冰内时而冰下的冰川河流，最后从“城门洞”流出形成一条江河的源头。

在冰面上还有不少湖泊。

冰川湖泊也是冰川消融水汇集在相对比较低洼平坦的冰面形成的冰川地貌景观。

除了冰面湖，和冰川河一样，也有冰内湖、冰下湖。它们在冰内或冰下的一些空洞穹隆处储水为湖。

水晶宫般的冰溶洞

由于冰川是一条“运动着的冰流”，冰川上的一切景观都处于随时变动之中，几乎一天一个模样。

当你今天看到一条还是如龙游走的冰面河，也许过几天再来时，已经变成一条干涸的冰沟了；当昨天还是一汪清明如镜的冰面湖，一夜之间却水漏湖干，只剩下一处徒有四壁的冰盆了。因为无论冰湖还是冰河，水体随时都对冰体进行溶蚀、冲蚀和“热融”，一旦湖堤或河床某处的冰层被溶蚀，洞穿，河流便随即改道，冰湖水也会在很短的时间内漏泄一空。

海螺沟冰川消融区构造景观

无论是冰川河还是冰面湖，规模有大有小，小到涓涓细流，或状如锅盆，大到雪浪排空，或烟波浩渺。

在南极有一条白獭冰川，长有2500多千米，其中的冰川河流最长时可达上百千米，水深可达数十米；在西天山中国和吉尔吉斯坦共和国交界处有一条南、北伊诺切克冰川，在它们交汇处有一个冰面湖，面积可达数十平方千米。湖内可以行船游览观光，为山岳冰川的景观奇迹，蔚为壮观。

海螺沟冰川最大的冰面河宽不过两米，深不过一米，长可达500米左右，最大的冰面湖也有近百平方米。

由于海螺沟冰川属于季风型海洋性冰川，这里空气湿度大，太阳光的短波直接辐射绝大部分被空气中的水汽吸收后变成长波形成散射辐射。太阳光的短波辐射具有明显的方向性，中国西部像珠穆朗玛峰北坡地区空气十分干燥，当短波的太阳光辐射以高角度投入到冰川表面时，便容易形成千姿百态的冰塔林冰川地貌景观。珠穆朗玛峰北坡地区的冰川属于大陆性冰川，冰塔林也因此属于大陆性冰川专利地貌景观。可是在海螺沟这样的海洋性冰川上，即使是高角度的太阳光辐射，经过空气中水汽的散射，变成长波辐射后便可以从不同的方位对冰川进行“雕饰”，因此海螺沟冰川是不可能形成冰塔林景观的。不过这里却更容易生长、发育大大小小的冰溶洞，这正是太阳光经过散射辐射和水流热溶的综合“成果”。

冰溶洞可以在季风型海洋性冰川上更多地生长和分布。

冰川消融景观——冰壁

冰川运动、消融裂隙

冰川消融景观——冰蘑菇

冰川消融景观——冰桥

“长波辐射”又叫作热辐射，经过太阳光加热的湿热空气在近地面热交换中，可以进入冰川的裂隙中、冰湖的湖壁处、冰水河道中对冰体进行融蚀，在一定的原始构造地形配合下，比如湖水侵蚀，流水冲蚀，裂隙的扩张等等形成一些原始洞穴，一旦经过携带大量热辐射的湿热空气拓展，随着时日渐长，于是一些冰溶洞终成规模。洞内暗河涌动，积水成潭，洞顶悬挂着晶莹的冰钟乳，洞底矗立着冰笋冰础，简直就像一座水晶龙宫！在西藏波密倾多河的珠西冰川上，作者曾发现几处高十多米、大过房屋的冰溶洞，几十个人进入洞中仍觉得空空如也，而冰溶洞也仿佛是一座地下宫殿。

海螺沟的“城门洞”也属于冰溶洞的一种，不过由于在出水水流的冲蚀下，人无法进入，同时它的形态也因水动力的影响受到极大的改变。

冰桌、冰凳、冰蘑菇——冰面景观

在领略冰川河、冰川湖的同时，你会发现，也许就在你的身前身后就有一些以石为面、以冰为柱的另一类冰面消融地貌景观——石面大一点、冰柱高一点的叫作冰桌，石面小一点、冰柱低一点的叫作冰凳。石面稍为圆一点、尖一点的就叫作冰蘑菇了。也有冰川学家将这种冰桌、冰凳等冰面景观都叫作冰蘑菇的。

大的冰蘑菇顶端的石面有如房屋，小的则如碗碟。

海螺沟冰川上的冰蘑菇

无论在大陆性冰川还是季风型海洋性冰川的消融区都可以观赏到冰蘑菇景观。

冰蘑菇分布在冰川消融区有表碛的区域，尤其是零星表碛区。

当太阳光辐射照到冰川表面时，在表碛石块的保护下，下面的冰层便受到保护，而周围无表碛石覆盖的冰面就会加快消融而减薄，也许经过十天、二十天，也许经过一个月、两个月，石块便被自己保护的冰柱托起，周围的冰面因消融而明显下降，于是一个新的冰蘑菇便诞生了……

在冰面上，并不是所有大小的石块都能因此而形成冰蘑菇，一是要求石块形状比较规整，尤其是底部要相对平整，否则在形成过程中还未成形便容易失衡滑落；二是要求石块必须要有某种尺寸的规模，太小了不行。我曾对许多冰面消融现象进行过观测统计，发现绝大部分形成冰蘑菇的石面直径必须大于40厘米，厚度必须大于25厘米，否则，不仅不会保护它们覆盖下的冰川冰，而且还由于它们更易于吸收到更多的太阳热能并且迅速地传导给下面的冰体，加速冰面的融化形成冰井、冰坑。这一正一负的冰面地貌竟都与冰川的表碛石块相关，要不然怎么说，物极必反，否极泰来呢？这也许就是事物的辩证法则在自然界冰冻圈王国中的反映吧。

在多年的冰川科学考察中，我在冰河中划过船，在冰湖中洗过澡，在覆雪假象掩盖下的冰裂隙上搭过帐篷，在冰桌上记过日记，开过会，打过扑克，切过罐头，吃过饭，这既是一种大自然赋予我们的浪漫享受，又是在冰川野外考察中别无选择的一种生活方式。

与冰川共荣共生的生命现象——冰川跳蚤和它们的邻居

不看不知道，冰川真奇妙。

和世界上许多冰川区一样，海螺沟冰川同样不仅仅是冰雪的世界，而且还是许许多多生命现象安身立命的温馨家园呢。

北极冰川上的植物化石

北极雪藻

对于生命体而言，也许南极冰盖内陆是个特例吧。在那零下30多度的南极冰原内陆，除了有天外来客——陨石之外，就是万年冰雪和数千米厚的冰雪覆盖下的南极大陆了。不过我的一位日本朋友、原日本极地研究所所长渡边兴亚教授曾发现和论证在东南极一处冰盖下面还存在着一个储满液体水的古湖泊，也许那古湖泊之中还有某些古生物体的孑遗遗迹吧。南极大陆面积将近1400万平方千米，一些海鸟偶尔深入内陆最多飞一两百千米便不得不重新返回，因为那里没有任何食物供给它们生存生活。由于严寒低温，一些微生物自然难以在那里繁衍生长，当然靠现代科技和运输补给得以让人类的进入，那只是一种被强加的生命形式。就自然生命体而言，北极许多冰川的环境都比南极冰盖要优越得多。因为北极存在偌大的北冰洋，加上从墨西哥湾北上的温暖海流（或者又称之为北大西洋暖流）将大量的热量年复一年地向北极地区输送，虽然北冰洋一年中大部分时间大部分海域也处于冰封雪冻的状态之中，但只要冰水共存，尤其在夏季就不会出现寒冷到零下30多度的情况，否则，在北极圈内外为什么还会出现大片的原始泰加森林带，而南极圈附近的陆地和岛屿上不仅没有森林，连木本的植物都没有呢？比如西南极的南极半岛，比如我们中国长城站所在的乔治王岛，地理位置（南纬62° 13′，西经58° 58′）虽然已伸出南极圈（南纬66° 33′）之外，可是在乔治王岛连真正的原生草本植物都没有，可见同是地球的两极，它们的气候环境和生态环境也有着千差万别的不同呢。

2002年我有幸和高登义等科学探险界的朋友一道去北极，在北极圈之内的斯瓦尔巴德群岛的朗伊尔滨（北纬78° 13′）的1号冰川上观测到大片的冰川雪藻生存。密密麻麻的雪藻将冰川和积雪染成一片一片的红色，既美丽又壮观，那是我有生以来在极端环境中观察到的最伟大的生命现象。也就是在朗伊尔滨1号冰川上的消融区，我们还发现那些覆盖在冰面上的片片石碛中，竟有无数的古代森林树叶化石，有针叶的，似乎是柳杉、红豆杉一类的，但更多的则是阔叶树的化石，似乎有桑科的，还有栎树科和槭树科的。可以想象，曾几何时，我们北极的一些岛屿也是绿树成荫、无限生机的世界啊！

北极地区的雪绒花

现在的斯瓦尔巴德群岛上还生长着大批的驯鹿、雪鸡、北极狐、北极狼等动物，因为这里仍有比较好的北极苔原和茂盛的牧草，还有那青青牧草中洁白如雪

的雪绒花！

我们海螺沟冰川上的生命现象也是无处不在。海螺沟冰川系统自身也有许多与生俱来、共生共荣的生命现象！

在冰川表碛区，你只要稍加留意，就会发现在那冰面和石碛之间，竟然神奇地生长着不少植物种类，有栎树，有杨树，有柳树，有沙棘，有杜鹃，甚至还有海螺沟地区暗针叶林的顶级演替树种——云杉和冷杉！它们稀疏地生长在有表碛的冰面上；在表碛集中而且比较厚的冰面上竟能有几十种植物共生的聚落，像一片小小的树林，也许有人不相信就在那生长出植物的地方真的就是冰川？别急，你再仔细地朝那附近看一看，也许就会发现某处有消融出露的冰坡冰坎，那里不是分明有裸露在冰面和石碛之间的植物根须吗？或许你可以动动手，顺着那些迎风摇曳着的树木根部，揭去一层石碛砂砾，很快就会发现顺着冰面匍匐生长、从冰面吸收水分、营养的植物根须。

在冰川表碛石块上，还生长着不少花花绿绿的苔藓和地衣。当你在观看苔藓和地衣的时候，也许不经意之间翻动一下那些长苔藓地衣的石头，你会突然发现在石块下面的冰体中爬满了黑蒙蒙一片的小昆虫动物，原来那就是所谓的“冰川跳蚤”。这些小家伙们个头不大，长短不过一两毫米，可是它们却一跳十几厘米，从身体的比例而言，也许它们才是我们这个地球上的跳高冠军呢！因为就人而言，要跳过比自己身高2.5倍的高度已属不易之举，而冰跳蚤可以跳过相当于自己身高上百倍的高度呢。

海螺沟冰川上的冰川跳蚤从表碛区一直到大冰瀑布底足部将近5千米的范围内都

冰川跳蚤

冰川跳蚤在我国的许多冰川上都有发现。1977～1978年我在天山最高峰托木尔峰东坡的台兰冰川雪线附近发现过它们的身影；1975～1976年、1980年我在西藏东南部的察隅县阿扎冰川、波密县的若谷冰川、卡青冰川上都近距离地考察过这些以冰川为家园的小动物们。

海螺沟冰川冰跳蚤

海螺沟冰川冰蚯蚓

有分布，它们有时嬉戏在冰融水沟中，有时蛰伏在冰碛石块下，有时还能在密封的冰川冰体中观测到它们的存在。它们如何在冰川上越冬，如何进行孵化繁殖，如何在密封的冰体中呼吸和代谢，这都是冰川学家、昆虫学家们研究的好题材！也是吸引中、小学生们探索大自然，解密大自然中有趣的冰川王国中的生命现象。

与冰川为伴，以冰雪王国为家园的还有雪藻、高山墙藓和冰蚯蚓。这些神奇而有趣的冰川生命现象，我在科普散文著述（《青藏高原二万里》、《追寻冰川的足迹》等）里都有详细的描述。

对于我们人类而言，冰川也许冷了些，可是对冰跳蚤、冰蚯蚓、雪藻这一类的冰川生命家族而言，冰川这种生态环境正是它们生存繁衍的美好家园和“人间天堂”呢！

自然界有多少奥秘还需要我们人类去探寻啊！尤其是冰雪世界中这些令人匪夷所思的各种各样的生命现象。

十四 海螺沟冰川的定位辩证

海螺沟冰川上那海螺般的弧拱构造景观真是巧夺天工、天作地合的大自然神奇艺术造型，它给你充分展现出海洋性冰川那一幅幅动态的壮丽恢宏的画卷。

海螺沟冰川及冰川系统中自然美景还有很多很多，只要去细心观察便可体会到它那无穷的魅力。海螺沟冰川不仅可为当地人民经济可持续发展带来永久性的效益，而且对广大群众尤其是对青少年科学普及和文明教育方面更有不可估量的深远意义。

随着科学社会的与时俱进，上冰川已经不仅仅是我们这些科学研究人员的专利了。不过多少年来对海螺沟冰川的宣传甚至在一些专业工作者的文章中还存在有许多的误区。

海螺沟冰川大冰瀑布和蜿蜒在原始森林中的冰舌

海螺沟冰川自旅游开发之初，就有人将其定位成是世界上最大的冰川，是世界上海拔最低的冰川，是世界上最温暖的冰川，是世界上唯一冰舌伸入原始森林中的冰川，是发育有冰塔林的冰川，是距人类生活最近的冰川等等，不一而足。

首先应该承认，海螺沟冰川的确是一条非常美丽的冰川，是一条冰舌伸入原始森林近6千米的冰川，是一条季风型海洋性暖性冰川，也就是说在冰川的消融区，冰体活动层以下冰温处于0℃的冰川，是一条具有垂直高差达1080米的大冰瀑布的冰川，是一条冰川末端目前为止还不足海拔3000米的冰川，是一条距人类活动比较近的一条冰川，是一条有原始森林、温泉分布、地方民俗等特征配置、互为依托、互相比衬的极具特质的一条冰川。可是它绝非世界上最大的、海拔最低的唯一接近人类居住环境的冰川、唯一冰川舌伸入原始森林之中的最温暖的冰川。

新疆音苏盖提冰川

西藏来古冰川

后来，经过许多人的纠正，海螺沟冰川似乎定位较科学精准了些，可是有的人又提出了海螺沟冰川是亚洲最大的、海拔最低的冰川之说。

稍有科学常识，或者稍有地理常识的人都知道，海拔最低的冰川在南北两极，那里的冰川末端伸入海平面，有的甚至直入海面以下；至于最大的冰川，仅就中国而言，青藏高原喀喇昆仑山和天山山脉都有远比海螺沟冰川要大得多的现代冰川。

海螺沟冰川目前末端海拔为2980米，冰川长度（从贡嘎山峰顶到城门洞之间冰川运动的主流线距离）为13.1千米。新疆喀喇昆仑山乔戈里峰北坡音苏盖提冰川目前长度达40千米，天山托木尔峰的土格别里奇冰川长为37千米，西藏八宿县的然乌湖源头的来古冰川长度为35千米，至于北极阿拉斯加和南极的冰川更是大得难以想象，比如南极的白濑冰川长达2500千米！

说到海拔高度，中国天山托木尔峰的土格别里奇冰川、托木尔冰川、台兰冰川等大型山谷冰川末端都低于海拔3000米，新疆的阿尔泰友谊峰南坡的哈拉斯冰川末端海拔仅2300多米，西藏察隅县的阿扎冰川，波密县的卡青冰川，还有雅鲁藏布大峡谷中一些大型山谷冰川的末端海拔都在2600米左右，即使同属横断山的梅里雪山的云南中甸境内的明永冰川末端海拔也仅为2780米。整个青藏高原下伸得最低的现代冰川是位于喀喇昆仑山南坡巴基斯坦境内的米纳平冰川，它的末端海拔仅为2360米。

至于讲到冰川消融区，也就是冰舌伸入到莽莽的原始森林之中，海螺沟冰川不负众望。但前面所提到的阿扎冰川、卡青冰川、哈拉斯冰川的冰舌都深深地蜿蜒于原始森林的包围之中，这是世界上海洋性冰川的共性。

海洋性冰川之所以可以在海拔比较低的地区存在，一是它们的积累区有来自于空中大气的高强度的降雪补给，那里源源不断的冰雪通过雪线流入消融区以供高强度的消融而仍然保证冰川的消融舌存在，同时正因为这些冰川的冰体，尤其是活动层以下的冰体常年保持零度状态之中，而得以在比较温暖的气候环境条件下存在，零度对许

海螺沟麦吊杉

海螺沟铁杉

花卉王国

多动、植物来说也许是低温，但是对冰川而言，这可是冰雪世界的最高极限温度了。

说到和人类活动的距离，我可以再告诉读者朋友们，即使在我们中国，乌鲁木齐到南疆的库车即乌库公路便从天山的乌鲁木齐河源1号、2号、3号冰川末端通过，云南梅里雪山的明永冰川末端与附近的村庄也近在咫尺，而北极的斯瓦尔巴德群岛上好几处俄罗斯、挪威的煤矿就直接从冰川上钻进，运煤车就从冰川上通过，而挪威驻斯瓦尔巴德总督府和北极大学距朗伊尔滨1号冰川也仅一河之隔的距离。

说到这些特点时，海螺沟冰川也多在名列其中，但绝非唯一。旅游开发要讲长期效益，长期效益要讲科技含金量。据我所知，有些定位属于某些专家信息源较少，对世界冰川的了解不够深人的无意之为。儿其为了增加景区旅游宣传的广告知名度，认为过一点也无大碍，可是真理越过半步即为谬论，不切实际的错误定位不仅不会增加光环的美丽，反而适得其反，事倍功半甚至功殁，那就得不偿失了。

还需强调的一点，海螺沟冰川是一条季风型海洋性冰川，区内降水丰富，空气中湿度比较大，在这种气候环境中，可以形成许多千奇百怪的冰川消融景观，比如前面提到过的水溶洞、冰蘑菇、冰面湖等等。但冰塔林则是我国大陆性冰川上的特有景观。冰塔林最突出的特点就是它们都是高出冰面几米到几十米的正地形地貌景观，犹如云南的石林一般，而海螺沟消融区所见的一些仅仅是与冰面保持在同一水平的冰川构造裂隙景观。在海螺沟这样的温性冰川上不可能发育冰塔林的！

无论冰塔林还是冰裂隙都各自具有各自的观赏价值，但它们的地貌概念具有精准的内涵特质，不能混为一谈。

至于说海螺沟冰川是亚洲最东部的冰川，这又是极不准确的误导之说！因为亚洲

海螺沟蝶类

海螺沟鸟类

最东部的冰川在同属四川省境内的雪宝顶冰川群。

但是，海螺沟冰川的的确确应当是一条我国距离大都市最近的大型山谷冰川。如果就目前大成都范围而言，海螺沟冰川到成都市的直线距离只不过200多千米而已，按照时下流行的说法，海螺沟冰川和以海螺沟冰川为核心的海螺沟冰川风景名胜区在成都市的所谓“三小时经济圈”的范围之内，也就是说，如果开自驾车只需要三个小时左右就能够从成都抵达海螺沟。如果在不久的将来，随着川藏高速公路和川藏铁路的建设开通，无论汽车还是火车（快铁），从成都到海螺沟只需要一个多小时便能够抵达目的地。在目前气候环境变暖趋势不减，城镇化水平不断增强，人们急需找到更多的理想休闲度假地，尤其是夏天温凉的温馨休闲区，那么，海螺沟冰川和海螺沟冰川风景名胜区真的是国人们的不二之选。因此，如果将海螺沟冰川或者整个贡嘎山地区比作成都这个国际大都会的“后花园”，真的是名至实归，恰如其分啰。

十五 历史地进入贡嘎山

贡嘎山的登山科考史

翻开尘封已久的贡嘎山科学考察历史，人们不难发现，早在100多年前，一些著名的地理学家和生物学家们便专注于横亘在中国中西部地区的横断山地区了，尤其是对高耸于横断山群峰之上的贡嘎雪山更是他们关注的主要对象。

仅有据可查考，人类最早对贡嘎山进行科学探险考察的是美国植物地理学家普拉特。他曾于1889～1890年两度进入海螺沟、燕子沟、雅家埂一带，采集了大量的动、植物标本。我国早期著名林学家郑万钧先生也曾在1930年进入海螺沟、燕子沟等地进行过植物考察并采集过植物标本。

1930年前后，瑞士科学家阿诺尔·海姆（Arnold Heim）和爱德华·英霍夫（Eduard Imhof）就不远万里进入贡嘎山进行科学探险考察。阿诺尔·海姆在他的考察研究报告中，对贡嘎山海螺沟冰川、燕子沟冰川进行了描述，同时还对贡嘎山地区第四纪古冰川作用的规模、时代和时空变化进行了定位研究，而英霍夫还用摄影测量法绘制了贡嘎山地区的地形图。在这前后进入贡嘎山地区考察的还有美籍奥地利人约

约瑟夫·洛克

詹姆斯·希尔顿

洛克1929年拍摄的贡嘎山主峰

洛克1929年拍摄的贡嘎地区照片

洛克1929年拍摄的碉楼

瑟夫·洛克（Joseph Rock）、德国人安特生（G.Andtrson）和威斯曼（H.Wissmann）等不少知名或不知名的西方人。洛克是给美国《国家地理》杂志摄影、供稿的探险家和生物学家，他于1925～1926年进入贡嘎山，雇用耗牛和当地藏羌民工进山采集了6万多份植物标本和1600多份鸟类标本，并运往美国。在他的《贡嘎探险记》等文章的影响下，英国人詹姆斯·希尔顿（James Hilton）写出了《失去的地平线》一书并拍摄成电影。书中对香格里拉的描述让中国的香巴拉成为了享誉世界的知名景观品牌。1932年，由美国人组成的“西康探险队”中四位美国人由西坡的贡巴冰川登上贡嘎山顶峰，这是人类第一次完成对贡嘎山的成功登顶。那时不少西方人把来中国，尤其是到中国西藏、横断山一带当作他们探险旅行的乐园，采集的大量植物标本或作研究，或作引种，包括英国在内许多国家的不少名贵花卉，比如各类杜鹃就是当时从中国通过标本采集而引进的。有一位中文名字叫华金栋（Francis Ward）的英国植物学家利用在横断山采集的标本资料，从20世纪30年代写到70年代，一直到他走完人生最后的历程，其相关的著述却还未曾写完呢！

1949年以前，中国国力羸弱，整个中华民族在那之前的百余年时间内均处于积贫积弱的落后状态中，无能力单独组织对类似贡嘎山这样的高山、极高山地区进行科学考察，但值得一提的是中国工农红军，在实施二万五千里长征时就经历路过贡嘎山东坡的海螺沟—磨西—泸定一线。其实当年红军长征途中经历过许多今天已开辟为黄金旅游目的地的重要景区景点，除了海螺沟，仅四川境内还有松潘、黄龙、九寨沟、黑水打古沟、甘孜乡城、稻城（红四方面军）、广元米仓山（红四方面军），至于贵州的遵义娄山关、八百里杜鹃花的大方毕节（中央红军）、云南的丽江玉龙雪山（红二、六方面军）则更是枚不胜数了。只是当年的红军将士们一路面临敌人的围追堵截，哪有功夫去观山游景呢?

贡嘎山考察新的一页

新中国成立后，贡嘎山终于从沉睡的梦中醒来，迎来了百花盛开的春天。

1957年，原中华全国总工会爬山队（中国登山队的前身）前往贡嘎山，进行了中华民族历史上首次完全由中国人自己组织、所有成员都是中国人的登山和登山科学考察，其中六人登顶。北京大学地质地理系崔之久等人以科学家的身份参加了这次登山科考活动，并随后在我国权威学术杂志《地理学报》上发表了他那篇著名的考察报告——《贡嘎山现代冰川的初步考察》。后来在和崔教授的多次接触中，他都无不自豪又特别谦虚地提到他那次特别的经历和堪称中国第一篇有关现代冰川的文章。

1957年，登山队员在贡嘎山脚下合影，后排左4为崔之久

在随后的科学研究及野外探险中，中国科学院的许多有识之士对贡嘎山知名度的提升，对贡嘎山尤其是海螺沟生态环境

1957年6月13日登上贡嘎山主峰的登山队员

向主峰挺近的登山队员

登山队拍摄的贡嘎山照片

的保护、生态系统的恢复、重建和修复，对整个甘孜地区旅游资源的开发起到了开拓性作用。1979～1982年，中国科学院成都地理所（现更名为成都山地灾害与环境研究所）、1979～1981年，中国科学院成都生物研究所分别对贡嘎山地区的地质、地貌、第四纪地质和冰川、气候、水文、水化学、土壤、植被、自然地理以及贡嘎山地区的植物种类、植被类型、植物资源进行了大规模综合考察，仅参与的各类专业及辅助人员就达100余人，完成的学术论文达数十篇。其中，论文集《贡嘎山地理考察》和专著《贡嘎山植被》至今仍不失为研究贡嘎山乃至整个横断山及青藏高原东缘极具参考文献价值的科学论著。与此同时，原成都地理所钟祥浩教授，陈富斌教授和高生淮教授等多次呼吁要求国家有关部门批准，应将贡嘎山建成完善的“高山旅游系统”，成都生物所刘照光教授及印开蒲教授则提出应“建立贡嘎山自然保护区”。

正当成都地理所和生物所的科学考察即将结束的时候，以贡嘎山为主要地貌单元的横断山脉吸引了中国更多学科更多科学家们的关注。一支由国家资助的、由中国科学院自然资源综合科学考察委员会

（中国科学院地理科学与资源研究所前身的一部分）组织的横断山自然资源综合科学考察队开赴这块早就应该被中国人自己特别关注的地方！队长是著名的孙鸿烈院士，除了成都地理所和生物所为当然成员单位之外，队员们都是从全国数十个科学研究单位和有关大学精选而来的科研骨干。这支包括地理、地质、冰川、冻土、植物、动物、菌物、森林、水文、大气物理、人文等40多个专业的大型综合科学考察队仅野外考察时间就长达三年（1981～1983年），参加单位40多个，约300多人。

20世纪80年代出版的贡嘎山科考著作

尽管横断山包括西藏东南部的昌都地区，云南西北部的丽江、迪庆、怒江和大理地区，四川阿坝、甘孜和凉山地区，总面积超过50万平方千米，但是包括冰川、冻土、森林生态等专业的几乎所有的横断山考察队的学科组都必不可少地以贡嘎山为自己的主要考察和研究对象。因为高者为“王”，海拔7556米的贡嘎山是横断山脉最高峰，打开横断山脉各种自然资源与环境科学之谜的钥匙和谜底都有可能留藏在贡嘎山那高耸入云的百宝箱中呢！多年之后，横断山科考队陆续出版了各类专著多达30多部、40多册，至于单篇论文约500篇，这些著作和文章很少有不涉及贡嘎山的。

就冰川专业而言，当年的兰州冰川冻土研究所不仅对贡嘎山东坡海螺沟冰川进行了定点定位定量的综合观测，还对北坡、南坡，尤其是还进入到路途较远、行程尤其艰苦的西坡贡巴冰川多次考察，他们爬遍了贡嘎山几乎所有的冰川冰缘区，测绘组现场施测，在收集大量第一手数据后，绘制完成了第一幅贡嘎山冰川地貌分布图，并重新测量了贡嘎山的海拔高度为7514米。本书所附的《贡嘎山冰川图》就是其复制品。虽然由于种种原因，这一高度至今还未被地图部门所认同，但那只是个体制问题，科学的结论不在早与晚，20世纪80年代的科技水平总比当年瑞士人英霍夫先生所测量的数据要准确得多吧！

建立贡嘎山大本营

在高山和极高山地区进行科学考察或者登山活动，每到一地，登山队和登山科学考察队必须首先建立登山和科学考察大本营。当大本营建好之后，便沿着一定路线建立1号营地、2号营地……一直到海拔很高、距主峰不远的登山突击营地。一般来讲要对海拔7000米以上的高山或极高山进行攀登和相应的科学考察，包括大本营和突击登顶营地在内总共要建立6个以上的营地。

20世纪70年代末，中国科学院成都山地所在贡嘎山地理考察活动中，同时在贡嘎山东坡、西坡建立气象观测剖面，东坡的观测剖面就选定在海螺沟，并沿沟进行相关的科学考察。到了1982年，中国科学院组织了大型的横断山自然资源综合科学考察，兰州冰川冻土所大批科研人员又进入海螺沟进行冰川、冻土等专项科考。在这些考察过程中，科研人员先后在海拔1900米的森林管理站附近、海拔2600米的热水沟以及海拔2950米的黄崩溜沟附近宿营、中转并进行相应的梯度观测。就在多次宿营、中转和考察中，人们都习惯地依次自下而上地将海拔1900米的地方称为1号营地，海拔2600米的地方称为2号营地，海拔2950米的地方称为3号营地。3

从4号营地观赏海螺沟冰川

号营地海拔接近3000米，习惯上有时又称为3000米营地。

除了这三处营地之外，更上游的海螺沟冰川北岸还曾建立过一处临时考察营地，由于那是一处古冰川侧碛台地，台地上长满了浓密的暗针叶森林，老百姓将其称为“黑松林”，那营地也就被叫成了“黑松林营地”。其实从植物分类学讲，那些暗针树并非松树，而是冷杉、云杉和铁杉树。尽管它们都同属“松科”。

在海螺沟冰川南岸的侧碛平台上还建立过另一处临时考察营地，由于台地上长满了杜鹃、高山圣柳和爬地柏以及羌活等多种高山植物，老百姓称为长草坝，因此习惯上又将这里叫作长草坝营地或者4号营地。

早期的海螺沟宾馆

海螺沟1号营地和2号营地都有天然温泉出露，尤其2号温泉目前已被开发成国内少有的具有国际水准的冰川、森林、温泉旅游度假地。3号营地则是中国科学院、科技部共同资助和领导的贡嘎山高山森林生态观测试验站所在地，也是海螺沟国家级风景名胜区的核心区接待地，著名的海螺沟冰川观光缆车索道起始站就建立在3号营地黄崩溜沟泥石流扇形堆积地上。此外，在3号营地古冰川—泥石流台地上还修建了两处现代化星级宾馆——金山饭店和银山饭店。不少游客为了更好地欣赏到日照金山和世界级大

海螺沟3号营地

海螺沟冰川索道

冰瀑布景观便滞留在此，择时择机拍摄到自己心仪的作品。黑松林偶尔也有人光顾那里，但随着观光索道的开通，便少有人员扎营黑松林营地了。长草坝4号营地已成了海螺沟冰川观光索道的终点下客站，也是游人从高处观看欣赏海螺沟冰川及世界级大冰瀑布的绝好去处。

最早正式对海螺沟1～3号营地正名并进行建设的还是海螺沟和海螺沟冰川所在地——甘孜藏族自治州泸定县政府以及政府中分管旅游工作的有识之士。

那还是20世纪的80年代末，为配合海螺沟的旅游开发，在泸定县县委县政府的决策下，在中国科学院成都山地研究所相关专家的协助下，便决定在磨西、海螺沟建立固定的接待地。时任县长孙乾和旅游局长邓明前负责具体实施。其中海螺沟沟内的接待地便分别建立在1号营地、2号营地和3号营地处。为了充分体现历史沿革和海螺沟的原始野性和探险的情趣，在三处旅游接待建筑竣工后，便因袭了原来科考宿营地的名称：1号营地（简称1营）、2号营地（简称2营）和3号营地（简称3营）。

如今，海螺沟的开发、建设规模和档次早已今非昔比了，当年的帐篷早已成为回忆，最初建成的木板屋接待设施也被完全现代化的宾馆所取代，路通、电通、水通、通讯通也成了理所当然的基本条件。海螺沟和四川的各大著名景区一样，已进入世界各国旅游观光者、科学探险者们心仪的视野之中，但唯有那“1营”、“2营”和“3营”的称谓仍然和海螺沟冰川、海螺沟森林、海螺沟温泉一起永远地定格在海螺沟文化的长卷之中，成为有别于其他国内著名景区的科学文化品牌。

十六 贡嘎山高山生态站

说说我们的贡嘎山高山生态站。

众所周知，我国拥有世界上独一无二的巨大的青藏高原。

青藏高原的主体在西藏和青海两省区，面积约200万平方千米。同时还包括云南省的西北部丽江、迪庆，四川西部的凉山、甘孜和阿坝，甘肃南部的甘南藏族自治州，总面积达230万平方千米，约占全中国陆地面积的四分之一。

青藏高原又曾被称作青、康、藏高原。现在台湾省的历史地理教科书上还是这样称呼其名的。1999年我在美国南加利福尼亚州河边大学（Riverside University）讲学时曾经交往过一位出生在四川遂宁县在台湾长大的李教授，他说他做梦都想回大陆去青康藏高原走一走、看一看，我告诉他说现在改名叫青藏高原了，可是在美国定居并在学业上、宗教界颇有名望的李教授坚持说这名字不应该改，因为他说那块高原不可缺了四川的康巴藏羌族地区。

但是在这个具有无限科学研究价值的青藏高原上，在20世纪80年代以前，竟然没有一个正式的科学研究站，尤其没有一个以高山森林生态与环境为研究对象的科学研究站。

中科院贡嘎山高山生态系统观测试验站

早在20世纪70年代，由中国科学院组织实施的青藏高原自然资源综合科学考察队对青藏高原进行了长达数年之久的大规模、全方位、多学科的科学考察研究之后，当时以队长孙鸿烈教授为首的一批科学家提出应该在藏东南的林芝、波密一带建立一个集地理环境、

高山生态、森林植被、农业土壤、冰川冻土等专业为对象的综合科学研究站。由于种种原因，只是由当时的中国科学院自然资源综合科学考察委员会在拉萨附近的达孜县建立了一个农业生态站，由中国科学院青海高原生物研究所在青海的海北建立了一个高原草原生态站，这两个站固然对青藏高原的科学研究具有不可替代的十分重要的地位和意义，但对青藏高原的高山森林生态和环境（包括冰川与环境）的建站定位研究仍属空白状态。

后来，当青藏高原随着地球自转到了1979～1980年，由原中国科学院成都地理研究所自行组织了有地质、地貌、第四纪地质和冰川、气候、水文、水化学、土壤、植被和自然地理等方面的贡嘎山地区的地理综合科学考察。稍后，作为青藏高原自然资源综合科学考察的延续，由孙鸿烈教授任队长的横断山科学考察于1982～1984年得以

早期的贡嘎山高山生态站（海拔2950米）

顺利开展和实施，横断山科学考察将贡嘎山作为重点区域，尤其以中国科学院兰州冰川冻土研究所和兰州大学地质地理系一批著名科学家多次深入贡嘎山地区，对这里的冰川冻土与环境进行了定位和半定位科学考察。这两次科学考察，让人们进一步了解了贡嘎山对于研究青藏高原，尤其是研究青藏高原的高山森林生态、冰川作用与环境演替有不可或缺的重大意义和典型示范作用。

于是，在成都地理所一批负责任、有创建、开拓性的专家们积极倡导和辛勤工作下，在时任中国科学院常务副院长孙鸿烈院士的大力支持和亲自过问、参与和批准下，中国科学院于1988年下达同意在贡嘎山建立“贡嘎山高山生态系统观测试验站”（又称“贡嘎山综合观测试验站”，简称“贡嘎山站”）的批复文件。

然后，成都地理所的有关同志向中国科学院及时迅速地提交了贡嘎山高山生态系统观测试验站的初建报告。在这之前，1988年10月4日至8日之间，孙鸿烈院士曾就贡嘎山建站立项事宜专程来贡嘎山海螺沟进行了站址及相关研究环境实地考察，并明确表示，虽然建站初期有关费用可能存在一定开支途径方面的困难，但作为常务副院

贡嘎山3000米高山生态站观测塔

长，他掌握一定数量的院长基金，虽然不多，但可用于观测运行之急需，同时可以争取进入由世界银行贷款项目所资助的中国生态网络系统的基建经费的投入，以用于建站基本用房、仪器购买及安装之用。与此同时，根据中国科学院的文件批复精神，完成了《中国科学院贡嘎山高山森林生态系统观测试验站建站总体规划》报告，并于1989年5月由中国科学院资源环境局组织并通过对总体规划的评审。

在上述工作进行的同时，在成都分院有关领导的支持下，由分院财务资助，用极少的钱（2万元人民币），经成都地理所列项，在当时海螺沟所在的泸定县人民政府海螺沟开发办公室配合下，在海螺沟海拔2950米处修建了气象观测场，并于1988年1月1日正式启动进行气象观测记录。

鉴于当时贡嘎山已被规划为国家级风景名胜区，根据中国科学院的文件批复精神，特向四川省人民政府办理了在景区内建站审批手续，四川省政府以办公厅名义下达了川办函〔1989〕123号批复文件。

原3号营地接待站

贡嘎山高山生态站基地站（海拔1680米）

据国家级风景名胜区相关要求，“设站既要满足科学研究的需要，又必须服从贡嘎山风景名胜区总体规划、建设和管理”，同时还要求“甘孜州政府、雅安地区行署和景区管理部门针对建站工作和该站的科学研究活动予以关心和支持”。

真是万事俱备，只欠东风。

这东风就是建站所用的经费。

在孙鸿烈院士等中国科学院领导和相关部门的关心和协调下，同意通过世界银行贷款项目，拨款100万元人民币供建站使用，同时每年定期下拨20万元人民币以供站内科学研究和管理工作运转之需。

与全国其他生态站相比，贡嘎山站实际上是两个站的规模。

基地站位于海拔1680米处的磨西台地一个叫作二坪子的突起地带，规划占地10亩，建筑面积2200平方米。

3号营地站建立在海螺沟海拔2950米的黄崩溜沟古泥石流滩地一片次生林地中，由于海拔接近3000米，习惯上也叫作3000米站。3000米站早在1987年就建立起了气象观测场和100平方米的观测站。新的基建将在原来的基础上续建380平方米的观测用房，包括二坪子的基地站。

续建的观测用房建设时间起于1989年。到了1996年，终于如期完成了规划中的基地站和3000米观测试验站的基建，以及高山山地生态环境观测试验系统和比较良好的野外工作和生活配套设施。

作者在贡嘎山高山生态站

说是3000米，真正的海拔高度是2950米，这是贡嘎山站的高山气象场的高度。我们的观测场和站房建立在森林环抱中的一块人工开挖平整的台地上，观测场中设有观测气温、地温、积雪、气压、湿度、风向、风速、蒸发、太阳辐射等观测仪器；观测场和站房相距约20米。站房是一式的木结构铁皮盖顶的假四合院，四合院靠南面一排是气象观测用房，即是1987年建立的木板平房，另外三面是1994～1995年建立的连为一体的一楼一底的木板楼房，靠西一侧一楼是餐

海螺沟的沙棘

厅和厨房。北面、东面一楼为赴站工作人员的住房兼工作间，东北角是一间有30平方米大小的公共活动室，活动室中有楼梯通向二层楼上。建站中得到了地方林业部门的特批，就地采取科学间伐那些密度过大的树木，加上在林中收来的新鲜倒木以用作全部建房的材料。站在站房和气象场之间的石板小道向南望去，只见对面山上自下而上分别是阔叶、针阔混交、针叶、高山灌丛、高山草甸、裸露或半裸石苔原、融冻泥流坡、空冰斗以及空冰斗之中的石冰川，季节积雪，多年积雪，永久积雪和现代冰川构成的一副完整的自然地理和气候垂直带谱。

按照当年的规划，未来的贡嘎山站还可能也应该分别在海拔1900米的1号营地、海拔3600米的长草坝、海拔4500米的冰川瀑布附近和海拔5600米的冰川积累区建设梯度观测站。

就在进行基地建设的同时，各项研究活动也在紧锣密鼓地进行之中，其中在3号营地周围建立了各种规模、各种用途的森林水文站，在海螺沟冰川末端下游建立了一个水文断面观测站，在3000米古冰川侧碛垅的原始森林里建立了森林生态观测场地。

贡嘎山站在建站规划中将冰川研究列为重要内容，但在具体实施过程中却没有获得行政资源的切实支持。可是冰川研究却没有中断过。

到目前为止，贡嘎山建站二十多年了，正式的运行费中仍然没有一分钱是用作贡嘎山的冰川研究的。我终于凭借在学术界的些许影响，在1995年，申请到7万元人民币资助的“贡嘎山地区冰川退缩迹地植物群落演替与环境关系研究”，以及5万元人民币资助的“贡嘎山冰冻圈动态变化监测”两个研究项目。“贡嘎山地区冰川退缩迹地植物群落演替与环境关系研究”是国家自然科学基金的资助项目，“贡嘎山冰冻圈动态变化监测”则是中国科学院特别经费支持领域的资助项目，这是我的老同事老朋友，时任兰州冰川冻土研究所所长程国栋院士特意从他任首席科学家的项目中分出的子项目。

在这两个项目的支撑下，我先后完成了20万字的《贡嘎山地区冰川退缩迹地植物群落演替与环境关系研究》的研究报告和20万字的《贡嘎山

早期海螺沟冰川考察人员（前右1为作者）

作者在大冰瀑布顶端附近（海拔4800米）观测气象

顽强的生命

冰冻圈动态变化监测》的研究报告，并先后撰写和发表了《贡嘎山隆升与冰川演化关系探讨》、《海螺沟冰川动态特征》、《海螺沟现代冰川对气候环境变化的响应》、《贡嘎山地区137Cs环境背景值及与不同高度带降水量的藕合趋势》等研究论文。以上论文同时收集在四川巴蜀书社为我编辑出版发行的科学研究专著《解剖冰川》中（巴蜀书社，2007年7月出版）。

在多年对贡嘎山尤其是海螺沟冰川与环境科学考察研究的基础上，也为了同时全方位宣传和推介海螺沟风景名胜区丰富的生物多样性、高品位的地热温泉、灿烂美丽的红石滩、值得挖掘的历史文化、魅力四射的冰川景观地貌以及原始生态旅游价值，在好朋友原巴蜀书社社长段志洪博士、编辑陈红女士、施维先生等人的帮助下，我还撰写出版了一部原创科学普及专著《海螺沟科考纪行》（巴蜀书社，2007年4月出版）。

在此基础上，不久前，应海螺沟景区管理局和谭志泉局长之委托，再写一部原创科学普及专著，这就是我正在案前做最后修改、并且即将奉献给读者朋友们的这部《唯美四川——海螺沟》。

如今的贡嘎山站已获得国家的正式认可，不仅出色地完成了对世界银行当初的贷款承诺，而且获得了中国科学院和科技部的正式的国家财政支持，成为国家科技部和中国科学院在青藏高原的一个十分重要的高山森林生态与环境的研究基地。不少著名科学家都曾亲往海螺沟对贡嘎山站工作给予指导、帮助。

十七 冰川学家在贡嘎山考察

1995年，“中国应用第四纪专业委员会首届学术讨论会”在成都举行，不少专家学者应邀到会交流、讲演。大家就中国第四纪在应用基础研究方面的问题各抒己见，进行了广泛的，甚至有开拓性的学术报告和交流活动。会后组织大家去贡嘎山海螺沟一带进行野外考察，并将会议论文汇编成《中国应用第四纪研究》一书。

4月下旬，正是春暖花开的季节，一批中国应用第四纪研究的精英们汇聚一行，乘车前往横断山最高峰——贡嘎山区的东坡海螺沟野外进行科学考察。一行中有许多知名未见过面的科学家，像易明初教授、张明书教授、李建生教授、杨汉奎教授等，还有一些是同样知名，而且我也十分熟悉的大专家。比如，我与景才瑞先生在有关冰川第四纪学术讨论会上有过多次接触，尽管在中国东部中低纬度低海拔地区是否有过第四纪古冰川作用，他曾经和我们有些系统的歧见，但他那孜孜以求的治学精神，给学术界许多朋友留下了十分深刻的印象。在这次海螺沟野外考察中，景才瑞教授似乎对以前自己的某些观点有所反思，此是后话了。

崔之久教授考察海螺沟冰川

崔之久教授虽然单位在北京，但他却是原中科院兰州冰川冻土研究所（现更名为中科院兰州寒区旱区环境与工程研究所）的老熟人、老朋友，更是许多中青年冰川冻土学家德高望重的师长。如果说李四光先生是第一个将冰川作为一门科学首先从西方引进中国的地质学家，那么他就是以中国现代冰川研究论文《贡嘎山现代冰川的初步考察》成为撰写中国冰川科学考察论文的第一人，奠定了他在中国冰川研究领域中的地位。

崔之久先生是北京大学知名教授，自1957年参加贡嘎山登山科学考察之后再也没有到过那里，受到我的邀请后，他是怀着回归和感恩的心情参加这次中国首届应用第四纪学术讨论会和贡嘎山野外考察活动的。

当我们翻过二郎山一路盘山而下，来到冷碛镇附近的一处储木场休息时，我们有一段现场对话，至今想起来，仍令人深省，感慨不已。

那时进贡嘎山的路还很不好走，一会儿汽车要停下来加水，一会儿又要停下来修车。当到了冷碛镇南边一个储木场时，发现汽车的轮胎被什么东西扎坏了，就在修车的间断中，我们信步来到储木场靠大渡河的岸边。这是一个回水湾，那时的大渡河上成年不断地放流着源源不断的漂木，那是四川省林业部门所属的伐木大军从大渡河上游采伐的木材，通过水运向下游输送。只见汛期刚起的大渡河上的漂木首尾相连，压着阵阵冲天的波涛，急速而来又迅疾而去，但也有一些木料顺着回水湾靠在储木场一侧打着漩，其中一部分被储木场的工人就地捞出，一部分自然漩出重新进入到那浩荡的漂木大军中去，或者被工人们用特制的勾杆推进奔腾咆哮的急流之中。

“人生就像这大渡河的漂木——”我和崔先生相对坐在回水湾岸边两块基岩石墩上。看到那些随着大渡河翻滚的波涛而起伏的漂木，我关心而又不大合适宜地问道：“崔老师，今年还要申报院士职称吗？”“先不说院士不院士的话，只说这些眼前的

作者与崔之久教授在海螺沟

崔之久等人悼念攀登贡嘎山遇难的烈士

漂木吧。”崔教授像一位哲人对我讲道：“这些漂木都来自它们的大家庭——原始森林，有粗有细，有顺直成材的，有丑陋生疖瘤的，可是它们在大渡河的漂流行程中并不都能一泻千里顺顺当当地被送到‘楚材堪用’之处……

“也许，本可做大梁之用的木材在行程中一不小心被一个波浪打到了这个回水湾，被储木工人捞上了岸，再用汽车运输到了需要建造高楼大厦的工地，可是如果它们偏巧流落到了另外一个地方被当地老百姓拾去，也可能用作修造房屋，也可能用去盖猪舍牛圈，还有可能被用作一炊之薪呢……

“再看那一些残截半枝，它们也许和一些真正的栋梁之材一起随着大渡河水流向远方，流向它们本不该到然而却非到不可的地方！”

“大自然尚且如此，何况在大自然面前有时只如蝼蚁的人类呢！”我回应着崔教授的议论。

在我的心中，崔之久教授的学术水平早就超越了许多所谓的院士们了，可是在一次院士的评审过程中，远远不如的人顺利地过关当了“院士”，崔教授却落选了。

“我再也不去申报什么劳什子院士了。”崔教授坦然的笑着回答我说。

崔教授十分想去海螺沟，原来当年他们登山考察时只到了海螺沟沟口的磨西镇，通过磨西镇直接翻过上游的雅加梗再到康定翻折多山去了西坡的贡嘎寺。

不少代表是第一次到海螺沟，更是第一次到这么高的海拔，而且是和青藏高原紧密相连的贡嘎山，亲自感受到这种海拔高度变化导致的自然地理和气候环境的变化，何况这种变化就在距离我们的咫尺之间，就在我们贡嘎山高山生态站分秒不停的监测之下！崔先生更是兴奋不已，他当年登山考察在西坡，这次亲临东坡考察，而且和这么多新、老朋友一同前来，他说以后有机会还会再来。后来到了2007年，正当贡嘎山站建站20周年之际，崔先生和当年攀登贡嘎山以及众多登山界的战友一同再次来到贡嘎山海螺沟，这时可以乘缆车索道过海螺沟冰川进入长草坝，一览硕大无朋的大冰瀑布。就在这次纪念活动中，崔先生发起在长草坝附近的4号冰川末端建立一座纪念1959年攀登贡嘎山牺牲烈士纪念碑的倡议，并嘱托我负责联系。这件事得到海螺沟管理局方面的重视，于2011年1月在海螺沟景区4000米处建起了一座高7.556米的花岗岩石碑，以永久纪念攀登考察贡嘎山遇难的登山勇士。（1957年6月13日，中华全国总工会爬山队6名队员攀登贡嘎山成功，但有4名队员遇难。据统计，到目前为止，仅有24人成功登上贡嘎山主峰，有37人在攀登中和登顶后遇难，这其中包括14名日本人和数名美国人，登山死亡率远远超过珠峰的14%和K2峰的30%。）。

对于东坡的植被，崔先生赞赏有加。崔先生回忆说贡嘎山西坡的植被也不错，但比起东坡来还是小巫见大巫了。他说他在西坡见到的最粗的杉树胸径不过50厘米，可是海螺沟一路走来，直径在1米多的大树随处可见，令人惊叹不已。

崔之久对于古冰川和冰缘地貌的研究有独到的见地，一路上对海螺沟出现的古冰川遗迹尤为感兴趣。

登山英雄纪念碑

20世纪80年代末90年代初，关于中国东部第四纪古冰川作用问题争论四起，与此同时，德国哥丁根大学地理系库勒教授（Matthias Kule）又提出了青藏高原大冰盖论。一时之间，中国似乎早在数万

年以前到处都是冰天雪地，到处都是冰川四溢，一会儿庐山有冰川，而冰川曾流动到了鄱阳湖边，一会儿四川盆地也有冰川了，成都附近龙门山那些分明是地质逆冲构造和地震形成的飞来峰成了“冰川遗迹”，广西、广东海拔几十米的地方曾被河水冲蚀形成的壶穴、漏斗、浪蚀斑痕在一些并不懂冰川的学者眼中也成了冰川作用后的“冰臼”、“压坑”，加上不明真相、不懂冰川科学的某些媒体“言之凿凿”，有意无意地报道、炒作，搞了几十年冰川研究的专家们倒像浑身长嘴也无从分辩似的。当今的世界上，许多谎言不用重复一千次而只需说一次似乎都可以变成真理了，因为拥有现代通信手段而缺失许多专业知识和科学素质的传媒系统的力量太强大了。

在3000米站住了一夜，次日早饭后，我带着大家步行到当年的3000米观景台，对着海螺沟冰川详细地介绍了冰川的长度、宽度、厚度、运动速度、消融强度、雪线高度并回答了大家提出的许多问题，又给大家介绍了贡嘎山冰川的分布状况、变化历史。当讲到即便在冰期最盛时，也就是自贡嘎山隆升到足以形成冰川之后的百多万年之中，气候最冷时期海螺沟冰川的末端最低也才下伸到海拔1900多米的地方时，以前相信四川盆地、广西、广东和江西庐山曾发育过冰川的代表都说真是百闻不如一见。

古冰川“U”型谷

海螺沟年降水量1500～3000毫米，冰川在冰期最盛时尚且最低只能延伸到海拔1900米左右，在纬度大致相同，甚至更南的地方，海拔远比贡嘎山要低的盆地、丘陵甚至平原地区如何可能发育冰川呢？

我们沿着一条“之”字形的羊肠小道来到海螺沟冰面上，只见在冰面北侧花岗岩基岩石壁高约500多米，陡壁竟被冰川运动的自然威力打磨得溜滑溜光，在那溜光的岩壁上还分布着几层深深的凹槽，奇怪的是有一组凹槽的方向甚至还呈现出似乎上游方向低、下游方向高的奇特的逆向景观！

崔之久教授对冰川磨光面、冰刻槽等冰蚀现象十分感兴趣。1980年我在西藏羊卓雍湖源头的抢勇冰川谷地拍摄过大量的冰川磨光面照片，他曾向我索要过相关资料。那天当他第一眼看到这些硕大的典型冰蚀地貌现象后便十分激动，反复从不同的角度拍照、记录。他虽然也走过不少地方，但如此典型的古冰川侵蚀地貌现象还是第一次看到。据多次量测，这一处冰刻槽最大长度为20多米，高1米，最深处达70厘米。

冰川磨光面和古冰川刻槽是许多山谷冰川尤其是季风型海洋性冰川在发育过程中形成的一种自然现象，也是我们冰川科学工作者借以推断某地是否曾经有过冰川作用、冰川作用有多强烈的主要证据之一。

由于眼前海螺沟冰川事实的存在，这些磨光面和刻槽无疑为当年的冰川所为，如果一旦若干年后所有的冰川全然从这里消退，那么确定这里是否曾经有过冰川作用，这些磨光面和刻槽固然是有力的证据，但却不能成为唯一的证据，因为还要将冰川的

海螺沟冬雪

海螺沟冰川舌

其他作用证据，比如“U”形谷、角峰、刃脊、终碛垅、侧碛垅等等一系列的遗迹综合起来分析、研究，才可能最终确定这里是否真的有过冰川发育、分布和存在。

我们离开海螺沟后又去康定考察了那里的榆林宫温泉，考察了康定河的峡谷地貌和小流域治理。在考察途中，尤其在海螺沟冰川上，崔先生一直叨念着想拾一块携带方便、有磨光面、有冰川擦痕的典型冰碛石标本，这对于我这个跑遍了中国绝大多数冰川区的人来说，本是一件轻而易举、随手拾来的事情，可是真应了那句“踏破铁鞋无觅处”的话，在偌大的贡嘎山冰川作用区中，竟未能找到一块称心如意的冰碛石以了却崔先生的心愿，至今想起来仍觉得是极大的遗憾！

施雅风院士考察海螺沟冰川

新千年伊始的6月份，主题为“青藏高原冰川与环境演变”的研讨会在成都举行，会后也进行了多组野外科学考察。其中一个小组由大会组委会委托我带队前往海螺沟考察，十分荣幸的是我们这个小组的成员包括施雅风院士。

施雅风院士是我原来在中国科学院兰州冰川冻土研究所工作时的老师和领导，长期以来我们都习惯地称呼他为施先生。

施雅风（1919—2011）早年毕业于浙江大学地理系，是著名科学家竺可桢的学生。早在1957年6月，为了解决我国大西北地貌区划的问题，在中国科学院院部工作的施先生和北京地理研究所两位年轻同事，离开繁华的首都北京，信步黄土高原，然后穿行在风雪弥漫的祁连山区，就在那艰辛的地貌考察中，施先生被突然出现在祁连山深处那一条条闪耀着华丽光彩的现代冰川深深地吸引住了，于是他们花了将近3天的时间，爬上了一条被称为马厂雪山的现代冰斗冰川。

作者和施雅风院士在海螺沟贡嘎山站

就是这么一次既偶然也是必然的经历，走来了一代中国冰川学宗师，成就了前无古人的中国冰川科学研究事业！

大西北地貌区划考察结束回到北京后，风尘未除的施先生急切地向中国科学院领导汇报并建议组织冰川考察队，奔赴祁连山，奔赴中国西部的高山高原进行冰川科学考察。

如愿以偿。1958年这是一个值得我们中国冰川人特别纪念的年份——中国历史上第一支高山冰雪利用考察队成立了，施先生被任命为负责冰川考察业务工作的副队长，作为一门地理学的重要内容——冰川学，中国冰川科学正式诞生了。紧接着，祁连山的冰雪考察又被扩展到了新疆的天山地区，再后来又是西藏的希夏帮马峰、珠穆朗玛峰考察，施先生几乎每役必与，而且都担任业务负责人。1960年施先生负责兰州冰川冻土研究所筹备委员会的业务工作。1965年

1964年5月施雅风（中）率科考队在希夏邦马峰的冰塔区考察

正式挂牌成立中国科学院兰州冰川冻土沙漠研究所，施先生担任主管业务工作的副所长。后来到了1978年，中科院体制改革，实行所长负责制，施先牛再次出任所长，直到1984年离任，担任兰州冰川冻土研究所的名誉所长。这期间，施先生不仅创立和领导了中国冰川学的研究，而且还亲自创立和领导了中国冻土科学、山地泥石流科学研究事业。

这是施先生第二次进海螺沟了。第一次是1993年的初夏，那时他已经是75岁古稀之年的老人了，当时海螺沟还不通公路，他竟然步行攀爬，或策马穿林，对海螺沟进行了他心仪已久的考察。这第二次的考察，除了业务上的考量之外，似乎还有一个他自己的私愿，那就是带着他的新华社记者朋友吴士嘉先生一同前往看一下海螺沟的现代冰川。吴先生的哥哥在解放前和施先生同是共产党的地下工作者，而吴士嘉先生又是施先生《冰川的召唤》一书的合作撰稿人。

我深感此行责任重大。施先生这年已经年届82岁高龄了，吴先生也是70多岁的老人。但施先生并未因为车途劳顿而有丝毫倦容，一路上更是谈笑风生。在到泸定县之前，几路野外考察组还前后相应相随，时而停下来进行一些重要的剖面现场考察，当行进到川西邛崃一带，见到成（都）雅（安）高速公路修建开挖出露的一些典型的紫色土或紫色土夹砾石的剖面时，大家都会不约而同地停车驻足讨论一番。川西平原

从地貌上讲是在第四纪漫长的地质历史时期中由岷江冲积而成的扇形堆积体，从地层上讲则表现为冲积泥砾构造，越靠近山体，泥沙越少，而砾石越多，所谓著名的“名（山）邛（崃）砾石层”就是川西平原第四纪中晚期以来形成的标志性地层。

在车上，施先生给我们讲起了他在抗日战争时期，受当时国民政府委托去都江堰考察水电建设的经历。当讲到那时川西平原最流行的交通运输“鸡公车”（一种木制独轮车）时，仿佛又回到那风华正茂的年轻时代。在路过雅安到天全之间的飞仙关峡谷时，施先生指着青衣江对岸那书卷般的岩层告诉我们说，那就是上了地理教科书的“飞仙关板岩”地层。在泸定停留时，不少年轻人恐高不敢到铁索桥上去走一走，可施先生却坚持到那因人多颇有些摇晃的桥上走了个来回，并对当年在桥面被毁，对岸有敌人机枪扫射的情况下击退封江锁桥的敌人，以最小的伤亡代价夺桥而过的英勇的红军战士表示了由衷地钦佩。

磨西老街

磨西面上万年前被冰川泥石流搬运来的古冰川漂砾

到了磨西镇后，看到“磨西面”上四处分布着一块块巨石漂砾，施先生步行上下考察，认为磨西台地原来的泥石流形成说应该受到质疑。因为施先生认为那些大如房屋一般的巨石漂砾除非冰川搬运才可以从深远的山沟中运送到这里并形成巨厚的磨西面台地。于是施先生推断说磨西面是由第四纪冰川最盛时期由当时的冰川堆积而成——尽管对此还有许多不同见地的看法。

磨西台地沉积剖面的冰水沉积地层

这时的海螺沟，汽车已经通到了3号营地。在磨西镇休息了一个晚上，第二天早饭后，我们驱车径直驶向海拔3000米的贡嘎山森林生态站，然后舍车步行，一个多小时后，终于来到了海拔3200米左右的海螺沟冰川观景台。面对海螺沟原始冰川雨林中那浩瀚气势的冰流，我顿然感悟：什么是冰川精神？什么是大师风范？什么是榜样的力量？什么是后来者的精神财富？这一刻，我终于从中国冰川之父——施雅风先生那奋斗不止、追求完美的冰雪人生中找到了最佳的答案。

在高高的观景台上，迎着习习吹来的冰川风，施先生详细询问了贡嘎山站的现状

作者与施雅风（中）和崔之久（右1）在赴海螺沟途中

和未来的发展规划，以及我对海螺沟冰川的研究状况，嘱咐我们一定要在研究冰川的同时，注意冰川环境保护意识的宣传，还要为地方经济建设提供科学依据，资源共享，当好参谋，让科学研究成果尽快地转化为地方经济发展的原动力。

在回程中，施先生不时驻足，凝视着山道两旁或近或远高大挺拔的云杉、冷杉、铁杉等顶级森林群落和这些婆娑树干上轻拂曼舞的松萝，以及那些蛇曲攀援的匝匝古藤，还有那林中竞相生长的杜鹃、赤桦、花楸、高山柳一类的中小乔木。先生若有所思地对我说，他还有一个心愿，就是争取近年赴台湾考察一次。台湾不仅有他早年就学攻读的同学、老师和朋友，而且台湾的雪山山脉、玉山山脉是我国东南部在冰期时有过古冰川作用的唯一山地。对于一生致力于中国和世界冰川研究事业的施先生而言，能抽身到祖国的宝岛台湾，去亲身感受和考察台湾山地的古冰川作用的种种地貌遗存是埋藏在他心中多年的一个难以割舍的愿望啊！

台湾岛上雪山山脉主峰海拔3886米，玉山山脉主峰海拔3952米，整个台湾纵贯南北的中央山脉长达约300千米的范围内，多数山地海拔都在2500米以上，更有不少海拔都超过3000米的山峰，比如台南的北大武山海拔为3092米，卑南主山海拔达3293米，台中的奇莱主山海拔更高达3560米。

就在赴海螺沟之前不久，施先生曾向中国科学院申请赴台考察，可是院保健部门以先生已年届八旬为由，建议他不宜漂洋过海去台湾山地考察。施先生请我以贡嘎山站的名义给他出具一份证明，证明他身体健康，有能力去台湾等地访问和考察。其实，就在此前的1998年施先生已经80岁了，却还去我国南极长城站参观访问、指导工作。于是我实事求是地出具了一份证明文件，加盖了中国科学院贡嘎山高山生态观测试验站的公章，证明施先生能以82岁高龄之年，健步登上海拔3200米海螺沟冰川。后来不久，施先生终于如愿以偿成行于宝岛台湾，圆了他心中沉淀已久的心愿。不久我也收到了一本施先生亲自签名的自传《冰川的召唤》，除了先生给我的鼓励和信任之外，分明还有先生那一份浓浓的谢意。

冰川学家在海螺沟

距离施雅风院士第二次考察海螺沟冰川不久，时间到了2001年夏末，贡嘎山站已经建立十多年了，研究站积累了大量的观测资料，也发表和出版了不少论文和研究文集，但正规、全面的学术交流却几乎处于空白状态。在新千年刚刚开始的时候，我从美国南加州河边大学（River Side University）游学归来后，即向当时的中国科学院生态网络系统（Chinese Ecosystem Research Network，简称为CERN）办公室申请举办一次青藏高原东缘环境演替的国际学术讨论会，在当时办公室胡振欧教授、严茂苍教授的关心和支持下，网络办同意资助并决定于2001年8月22～29日在成都举行“青藏高原东缘生态环境演替变化国际学术讨论会”，会后赴海螺沟野外考察。

作者和李吉均（中）夫妇在海螺沟考察

我全程主持了这次生动活泼的学术讨论会。

参加会议的代表，除了站上有关人员之外，还邀请了在贡嘎山建站过程之中有特殊贡献且早有研究成果的专家学者。其中有兰州大学李吉均院士夫妇、兰州冰川冻土研究所苏珍教授、郑本兴教授，中国科学院兰州冰川冻土研究所党委书记顾钟炜教授、陈建明教授、李树德教授，四川大学艾南山教授夫妇，中国科学院成都山地灾害与环境研究所所长钟祥浩教授，山地灾害与环境研究所已退休的原贡嘎山站负责气象观测及场站建设的高生淮教授夫妇，中国科学院北京大气物理研究所高登义教授夫妇，生态网络办胡振欧教授作为上级主管部门的领导也参加了这次会议。施雅风院士夫妇本来也主动要求来参加会议的，可是因为临时在上海有一个海峡两岸的科学研讨会，施先生那时候已经定居在南京，去上海也更为方便些，于是就舍远求近，去了上海参会，未能第三次来海螺沟冰川考察，为此，施先生在电话中深表遗憾。

李吉均教授是我在兰州大学地质地理系上学时的老师，我参加工作第一次出野外去西藏考察冰川就是跟随李先生跑遍了西藏东南部十几条冰川，奠定了我从事冰川研究的业务基础。艾南山老师和高生淮老师都是我在兰州大学上学时的老师。艾南山老师还出任过兰州大学副校长和中国驻德国教科文参赞，1969年曾带我到阳（平关）汉（口）铁路参加西乡到石泉一段的铁路桥涵勘察设计。苏珍是我在兰州冰川冻土研究所工作时的研究室主任，也是天山托木尔峰登山科学考察时我的领导。同时他还多次到海螺沟负责冰川考察，磨西镇许多群众都知道这位和东汉丞相董卓是同乡的甘肃临洮人“苏队长”。

作者和施雅风（右3）、李吉均（右2）院士在考察途中

这次学术研讨交流和野外考察得到了海螺沟原冰川公司和2号营地冰川温泉度假村的大力

冰川飞渡

支持。冰川公司所属的磨西冰川饭店和2号营地温泉度假村免费为我们提供住宿，原2号营地的高小松董事长指示时任客房部经理的邓忠萍女士亲自安排代表们的食宿、温泉洗浴保健。为了回报，我主持召开了关于"海螺沟温泉旅游可持续发展及生态环保座谈会"。在讨论中，李吉均院士、高登义教授、艾南山教授、钟祥浩教授、苏珍教授、郑本兴教授等都提出了不少建设性意见，比如加强对温泉水质、水温、流量变化等指标的监测；注意2号营地热水沟谷内地质灾害尤其是泥石流、滑坡的监测和治理；注意保护和恢复生物群落的原生性，比如为许多野生动物定期来此饮水（也许还有疗伤等野生动物的保健功能）提供更自然、更安全的保障环境等，会后这些意见都整理成文字送给小邓和老高他们以供参考和咨询之用。

这时的3号营地已开通了从黄崩溜沟横跨海螺沟冰川直达长草坝的索道缆车。全体代表同样受到索道公司李经理他们的优惠待遇，缆车票一律打五折。索道建设投入成本很高，一切设备从意大利进口，价值6000万元人民币。从规划、设计到施工建设总共投入了约7000多万元人民币。尽管李经理一再表示对不起，说来的都是曾经对海螺沟开发建设有过重要贡献的学者专家，公司本应全程免费。但我们十分理解开发公司的困难，打五折已经够优惠的了，我代表大会代表向冰川索道公司表示感谢，同时还提出了两条重要的科学建议：一、索道下站和相关的配套建筑全建立在黄崩溜沟古冰碛—泥石流沉积坡上，泥石流是一种破坏性十分巨大的自然灾害现象，黄崩溜泥石流的形成区山体海拔高，坡度十分陡峻，形成泥石流的物质十分丰富，现在仍处活跃时期，按科学发展观讲，索道站址本身存在极不合理性，现既已经建设到位，一定要严密监测黄崩溜沟中上游的地质环境变化动态，尤其注意短期天气形势的变化，注意大雨（雪）天气过程以及大雨（雪）之后的高温天气过程，做好遇到这种天气过程发生时的应急计划，以保证人员和必要物资的及时安全撤离；二、海螺沟冰川索道全长3.5千米，冰川谷地上的单跨距离长达1200米，当为我国目前索道单跨距离之最，其中索道下站单跨塔柱建立在末次冰期的古侧碛堤上，由于侧碛堤内坡坡足直抵海螺沟冰川区，下伏基底受埋藏冰川冰融水（尽管在厚冰碛保护下融化速度十分缓慢）的影响，古侧碛堤边坡基础处于十分缓慢的不稳定变动之中，加上塔柱的建立又加重了侧碛堤的负载，增加了结构应力的不稳定性，因此建议一方面加强人为监测，另一方面进行一些必要的辅助工程建设，比如边坡挡墙护坡基础加固等。

3号营地老树生花

理性地讲，海螺沟自古以来的冰川、森林、温泉、动物、植物，包括黄崩溜泥石流、大冰瀑布以及高山上的雪崩、冰崩

海螺沟冰川森林公园大门

都是这个大自然小流域中的演替过程系统，自有它们自己的平衡，自己的韵律，自己发生发展的内在和谐及必然变化趋势取向。可是自从地球上人类出现之后，尤其人类社会发展到如今的高科技、高智商、高智能时代后，便自觉不自觉地，合理不合理地，理性和非理性地向大自然扩张，向大自然索取，向大自然进军（或进攻）。海螺沟的公路、海螺沟的索道、海螺沟一切人为的设施于是应运而生。本来，早期的人类就在山中（北京山顶洞人），早期的人类就在森林中（有巢氏），可是他们要进化，他们要文明，于是人类走出了大山，走出了蛮荒，但是如今人类在享受不尽城市的繁荣与喧哗之后，突然又产生了回归之念，这当然无可厚非，可是在我们人类总会有那么些不肖子孙，他们“衣锦还乡”时的那种傲慢，目空一切，随意抛撒，其后果无一不是破坏，无一不是失衡，无一不是恶化！处于人类严重干扰之中的海螺沟还能干什么呢？森林中的松萝还是那么多吗？盘羊们、羚牛们、猕猴们还能那么自由地逐水草而居吗？冰川无言，但可以流泪，那泪水便是加速的融化和后退！雪山欲哭无泪，但可以发怒，发怒时便产生频繁的冰崩和雪崩……所喜的是，自从成立了海螺沟景区管理局之后，海螺沟的里里外外，上上下下，村村寨寨，家家户户，一切按照科学发展观办事，按照科学规律建设和发展；对来海螺沟旅游观光的客人进行规范管理；对海螺沟的生态环境进行了多方面的保护。

我们乘缆车前后鱼贯而跨过海螺沟冰川谷地，几分钟之后便来到海拔3400米的长草坝。在建设十分规范的长草坝观景台上，大概想到了当年海螺沟冰川科学考察的艰辛吧，李吉均院士一边抚摸着曾在海螺沟冰川打滑跌倒严重伤害过的腰身，一边不无感慨地说，冰川伟大，人类更伟大呀！他赞扬海螺沟的开发决策和开发水平，认为经过人类的投入，大大地提高了海螺沟冰川以及和冰川有关的森林、温泉诸多景观元素的品位，也为科学研究提供了更好的条件。我说这人工观光索道可以成为对海螺沟冰川变化的一个观测断面。连续在海螺沟观测研究冰川变化和物质平衡的苏珍教授操着一口流利的甘肃临洮口音说："那好得很，好得尺码没有啊！"（尺码没有即好得没边没际，十分好的意思。）苏教授在20世纪60年代珠穆朗玛峰科学考察中深知冰川考察的责任与艰辛，因高山缺氧，体力透支致使一只眼睛严重受损。

高登义教授自然不能失去表现的机会："这里真是观测冰（川）气（大气）交换的理想场所啊！"后来北京大气物理研究所有关领导申请了一笔经费，购进了成套仪器，在贡嘎山站精心组织和安排、协助下，增加了对贡嘎山海螺沟各圈层界面之间物质流、能量流交换的观测。

高生淮教授发表不同的意见。他说在海螺沟搞科学研究可以，搞旅游开发是资源损毁，从长远来看一定会得不偿失。

海螺沟游客

大家一路观光，一路讨论，一路各抒己见，不少专家都有自己的真知灼见，这对贡嘎山乃至整个青藏高原东缘的科学研究和生态旅游的开发建设和保护都有重要的借鉴意义。

李吉均院士既是我的老师，又是我的忘年

海螺沟大瀑布

交朋友，在我们回到磨西下榻的冰川饭店中，在我的要求和“督促”下，通过一夜的构思，他对贡嘎山高山观测站赞诗一首：

高原之东山横断，景观独特一单元。
群峰突兀谁为首，华西第一贡嘎山。
垂直带谱称完整，高山生态壮大千。
风云吐纳两大洋，人文汇聚藏与汉。
慧眼独具山地所，占山为王来建站。
经营砥砺二十载，人才辈出多英贤。
我来斯地暮回首，眼前顿惊风光变。
冰川索道何壮哉，云里穿行尽神仙。
海螺之沟冰川出，真是银河落九天。
飞流直下三千尺，奔腾婉转林海间。
高山站位无限好，欧美学人到此间。
合作研究和为贵，科研登顶量非难。

忆苦初履欧与美，赞赏他人好江山。

如今且看神州地，秀色原来亦可餐。

主人临别嘱题词，搜索枯肠不如愿。

行者古稀且相及，题诗如此亦汗颜。

——赞中科院山地所贡嘎山高山站

李院士与我既属兰州大学的师生关系，又是四川老乡，还是冰川研究道路上的忘年之交。“主人临别嘱题词”就是指2001年8月28日在磨西镇冰川饭店晚餐时我请求他的题词。

“高山站位无限好，欧美学人到此间。”李院士诗中这两句的意思一是称赞贡嘎山站是开展中外学术交流的最佳地方，同时也是针对这次学术会议正好有三位来自欧洲的冰川与环境研究专家莅会参加交流。

李院士是四川彭州市人，1998年我曾陪同他一起回彭州天台山考察。此前有人宣传说天台山一带曾经是第四纪古冰川作用之地，还将郭仙山一带的“飞来峰”地质遗存论定为青藏高原大冰盖作用所致。这当然不足为证，是十分错误的结论。因为青藏高原从来都不曾发育过统一的整体大冰盖，而且这之间有怒江、澜沧江、金沙江、大渡河、岷江等大峡谷所阻隔，再加上川西有大熊猫，川、滇金丝猴，珙桐，峨眉冷杉，红豆杉等珍稀动植物活化石，其延续的历史比第四纪冰川存在的历史还要早还要长。如果当年大冰盖真的严严实实地从青藏高原一直逶迤蜿蜒到了成都平原的彭州市，实在难以想象我们的大熊猫宝宝们何以觅竹为生，珙桐、冷杉们如何能在千里冰封的冰盖下得以繁衍生存呢？李院士研究了一辈子冰川，可是自己海拔不足1000米的家乡后院硬被人为地强加以冰川覆盖的虚假“盛名”，想起来，真有几分难言的感慨！

德国学者考察贡嘎山西坡

2001年8月29日，我和来自德国的阿奇蒙·布劳宁博士（Dr.Achim Braouning）等三位学者乘车经泸定、康定，然后翻折多山沿立启河南下，经过一个叫六巴的乡镇进入贡嘎山西坡考察。

阿奇蒙博士是德国斯图加特大学地理研究所从事冰川地貌与环境学研究的科学家，前些年随德国著名科学家霍夫曼（Prof.Hofman）多次来中国青海、西藏等地考察。这次和他同时参加“青藏高原东缘环境演化与森林生态国际学术会议”的还有他的同事曼特威尔博士（Dr.Bernd Mantwill）和从德国奥勒根大学地理系来华的米歇尔·李奇特尔博士（Dr.Michael Richter）。

折多山垭口

从折多山远眺贡嘎山主峰

由于贡嘎山站设在东坡的海螺沟，所以西坡的科学研究工作基本上处于空白状态。我们虽也想在西坡设立定位或半定位科学观测站，但因没有一定的科研经费作支撑，想归想，愿望总落不到实处，即使组织哪怕小规模的线路考察也难上加难。这次三位德国学者的到访得益于当时中科院国际合作局“中德科学基金研究交流中心”（该中心挂靠在中国科学院）的资助，又借助此次学术交流会议的东风，于是怀着去贡嘎山西坡一探究竟的兴奋心理，安排送走了国内代表后，我和三位国际友人乘车一路西行，经过泸定和康定去贡嘎山西坡进行短期线路考察。

虽然康定城是甘孜藏族自治州的首府，可是无论内地的汉族人还是康定和康定以西的康巴藏族人都习惯地将康定城以西的折多山称为“关”，一旦汽车离开康定城出南门再向西沿318国道盘旋而上到海拔4200米的折多山垭口时，便说要出“关”了。折多山垭口以东称“关”内，以西称“关”外。

先在康定小住一夜，打听去西坡的路况，得知大致可以通行后，次日一早，也就是8月30日，我们连司机一共五人，乘坐一辆越野吉普车向折多山的“关”外驶去。

在至少距今1万多年以前第四纪冰期的时候，折多山也曾被小规模的冰川覆盖过，这从海拔3500米左右开始出现的古冰川堆积物以及折多山垭口两侧山坡上清晰留存的古冰川侵蚀地形，可以毫无疑问地断言，尤其是那成层的古冰斗以及古冰斗内外的古冰碛物表明，这里不仅出现过多次古冰川作用，而且层层的冰斗还说明折多山第四纪以来间断性隆升的历史。几十年来，我不知道有多少次翻越过折多山，对这一路的山山水水，这一路的地貌形迹，这一路的风土人情，我是既熟悉又充满了感情。

过了折多山，见到的完全是一派高原风光的新都桥地界了。蓝蓝的天空，白白的云彩下，融入不少现代建筑元素的藏式小楼时时闪现在疾驰而行的车窗两旁，高大的川康白杨树围绕在房屋的四周，丰收在望的青稞、小麦和土豆田垄像绿色地毯般地铺

立启河风光

向远处的山边、天边的尽头，那色彩绚丽的康巴民居倒成了那铺着丰收、铺着希望、铺着锦绣的大自然地毯上的点缀。

下山不远到了一个叫瓦泽的三岔路口，我们便与318国道分道扬镳，向右驶入可以通向九龙县和西昌冕宁县的215省道，翻过一座缓缓的山梁后就进入立启河谷了。

贡嘎山西坡藏羌石雕楼

立启河是一条典型的高原河流，流量并不太大，但河床很宽阔，每当枯水季节，辫状水系流过的河滩中沙洲毕现。在立启河的对岸不时可以见到在低矮的藏式石砌村寨房屋和村寨中矗立着座座高耸云天的羌式雕楼。雕楼是用块石和片石砌成的，有六角的，有八角的，上小下大，那是为了提高建筑物的稳定性。看着太阳光照在立启河水中泛起的灿灿金黄和那雕楼身后长长的影子，让我仿佛回到了藏羌文化那古老的历史中。

有学者研究认为，这一带就是我国羌民族最古老的故乡。当地人现在还自称是木雅藏（或木雅羌）的后代。难怪，就在他们东边不远的那座高耸入云的“神山”也就是海拔7556米的贡嘎山，这里的老百姓都叫它“木雅贡嘎”，100多年以前来这里探险考察的西方人在文献中便将贡嘎山翻译成“Minya Gongga",也就是木雅贡嘎山的意思。

木雅人是我国古代党项羌人的后裔。当年的党项人南征北战，曾一度北上进入新疆、甘肃、宁夏、内蒙一带，后来又多次被更强悍的北方民族和中原民族驱赶西走南下。他们的后裔大部分沿着横断山河谷南下，最远迁徙到了现在的缅甸、泰国境内，更多的则与沿程的土著融合在了一起。比如云南丽江的纳西族，他们不仅在语言、地名、生活、农事中还保留有不少西北人的习俗元素（如柳条筐、二牛抬杠等等），就是在纳西族的整个民族发源的记忆中，他们还认为自己的祖先来自北方。在党项羌族南迁的过程中，一部分部落又回到了折多山—贡嘎山一带，与一度移居到这里的藏民族融合在一起，形成了现在的“木雅”民族文化圈。除了立启河流域外，在甘孜州的康定、道孚、九龙、雅江都还有不少木雅人居住的聚落。

在一个叫作塔坑的小村寨，我们离开立启河进入色物绒河的支流，在经过小地名叫作希颇的三岔口的时候，天色已晚，我们沿着色物绒河谷向东行进，打算晚上住在六巴。六巴是康定县下辖的一个乡政府听在地。后来，不知道是什么原因，六巴乡改成了贡嘎乡。

因暴雨洪水的缘故，汽车不能继续前行，我和三个外国朋友只好弃车冒雨向六巴乡政府驻地奔去。野外考察雨中行军是常事，这种辛苦在西藏、新疆我不知遇到过多少次。1983年我去西藏墨脱考察时，背着50多斤重的行李，平均一天要步行40多千米，中途要翻越一座海拔4300米的多雄拉山口。别看在西藏这海拔不算高，可是那里正当雅鲁藏布大峡谷水汽大通道，要是正好遇到迎面而来的孟加拉湾水汽在多雄拉形成强大的暴风雪，气温可骤降到零下20多度，风速可

德国学者在贡嘎山西坡考察途中（2001年）

在贡嘎山西坡考察途中和藏族同胞合影（2001年）

大到30米/秒以上，铺天盖地的雪霰让你根本睁不开眼睛而寸步难行。由于风雪的吹刮，喜马拉雅山脊上的冷杉树都会变形成树枝向一边伸展的“旗树”。在那次去墨脱的途中，步行四天就淋了四天的雨，天上雨不停，路上水成河，其艰辛可想而知。

就这样，我们在磅礴大雨的泥泞中，跌跌撞撞，摸黑走了大约两个小时，终于来到一片漆黑的六巴乡政府所在地。行程中，其中的一个外国人口里咕噜着，埋怨我没有安排好行程。由于天下大雨，乡上的干部除下乡驻队的之外，都早早睡下了，听见我们叫门，一位文书模样的干部这才起来为我们开房，又送了几瓶开水。他说已经接到县上的通知，但久等不至，以为不来了。我简要地向他说明了来意和后几天的行程，主要是需要进山的民工和马匹。干部说没问题。这时我们早已饥肠辘辘，可是又不好意思提出来，大家只好从背包中取出在康定时分发的方便面、香肠借着手电光就着开水先充饥。我和阿奇蒙博士、曼特威尔博士都住进乡干部为我们安排的乡政府招待所——一间木头房内床靠着床，床上只有床垫没有铺盖，我们取出没有完全打湿的鸭绒睡袋很快就安顿入睡了，只有米歇尔·李奇特尔博士执意要在走廊上睡——我们住在二层小木楼上，楼上有长长的木板走廊，反正野外考察自主性比较大就随他的意吧。

第二天，也就是8月31日，天已放晴，早饭后那位乡干部为我们雇来民工并一人一匹马。两位年轻的民工主动让我们把行李分出一些放到他们的马背上。于是，我们一行6人便骑着马儿沿着色物绒沟向山里进发了。

贡嘎山西坡牧场的小女孩（2001年）

一个多小时后，我们经过一个叫木尼查的村子，这里有一处水电站还有几家小店铺。转过一个山坳后只见眼前一亮，在我们的前方出现了一处宽浅的谷地，这就是贡嘎山西坡著名的玉龙溪。王龙溪又是色物绒河上游主流，沿溪而上有一条小路可通新都桥。只见宽阔的溪谷内村庄连着村庄，田畴连着田畴，一些农户的新房宽敞明亮。带路的民工告诉我们，近年来一些外地的旅游者三五成群地来到这里，有的自带帐篷，有的则直接住进农家。农户们的住房本来就宽敞，便把向阳的正房收拾得干干净净，自办农家乐旅馆。正说话间，一位操着浓重地方口音的村妇用普通话高声对着我们邀请道：“欢迎到我们家里来耍哦，便宜得很，连吃带住一人一天二十元哦。”要不是此行外宾时间有限，我还真想住下来多看看，多走走，调查一下六巴沟木雅人的风俗习惯呢！

大约走过五个村庄后，随着海拔的升高，农户少了，农田少了，天也快黑了，我们进入了草原牧场区。只见两侧山坡处零星地分布着几处帐篷，帐篷里冒着阵阵炊烟，一群又一群耗牛和大尾巴羊在牧人响亮的吆喝声和口哨声中缓缓而来又缓缓而去。带路的民工告诉我说，“我们也该搭帐篷吃晚饭了”。

在一处背风的河滩地上，我们搭起了各自的高山帐篷，民工们自有他们的去处。我们把坐骑交给他们，一声唿哨，两位民工和卸下鞍子的马匹早已朝着冒烟的牧民帐篷奔驰而去。我和三个外国人各自在自己的帐篷里支起了小煤气炉，从不远的河边打来了水，我给大家分发了当天晚上和明天早上够用的奶粉、咖啡、方糖、面包和方便面。

趁着天还没完全黑，晚饭后，我走出帐篷，掏出便携式GPS一看，我们已经到了海拔3500米的高度，四下望去，只见茵茵牧草在山风的吹拂下呈现出断断续续的绿色涟漪，远处牧人帐篷顶上的炊烟不时地变幻着飘逸的方向，帐篷后面山坡上生长着不甚浓密的桦树或者杨树林，间或还有粗短的柏树林。坡不陡，一些还未回栏的牛、羊、马三三两两地在树林边不停地啃食着牧草、灌丛和树枝树叶，几个牧童试着向我们的宿营地跑来，又被站在牧民帐篷门口的阿妈喊了回去。

贡嘎山西坡的河流

和贡嘎山东坡海螺沟相比，西坡降水量要少一半左右，加上玉龙溪和西坡的贡巴沟还隔着一条子梅山，季节又是8月底9月初的时候，盛雨季节已过，所以在这较高海拔的草原上，除了一些阵性降雨外，大的降水天气过程估计不会太多了。

果然，第二天天亮钻出帐篷一看，虽然不是春光明媚，倒也秋爽融融。

早饭后，我们继续上行约5千米时，只见玉龙溪主谷朝左手逶迤而去，地形图告诉我，我们应该沿着右手进入一条叫作子梅沟的小谷地上行。谷地入口的左岸有两家牧民的帐篷，大约听见我们走近的声音吧，从帐篷里出来了几位妇人和小孩，有两人像是一对母女，她们拖着长长的辫子，红黑的脸庞永远堆着善意真诚的笑容，同行的德国人扬鞭过沟直奔那两座帐篷而去。原来他们想去拍那母女俩的照片，我也下意识地跟随过去。拍完照片后，我们信马由缰地沿着河的左岸而行。留在对岸的两位民工使劲地给我们招手，可是我们并不以为然，继续沿着左岸上行。起初还似乎有路可循，不过路越走越窄，越走越陡。当我们知道走错路后却发现那一段河水特别湍急，而且倒木横陈乱石挡道。我们只好下马，在荆棘丛生的树林中择路步行。对岸的两位民工不时地呼喊着我们但又听不清到底在喊什么，水声太大了！高原就是这样，几十米之外就是草地，就是视野开阔的平畴，但就在这一条溪谷中便魔术般地长出树林，生出荆棘，植被浓密得不见天际，仿佛走进了不尽的原始森林，这就是小地形造成小气候，小气候形成小环境的神奇效果：当一股气流在宽阔的玉龙溪上空运行的时候，无遮无挡，便不停不留继续前进，于是雨不下，露不凝，可是一旦遇见起伏度较大的地势地形，比如眼前的这条子梅沟和子梅沟源头的子梅山（子梅山仅垭口海拔就达4500米左右），于是过境气流的一部分受到起伏地形的震动和高山地势的阻挡便形成局部降水的小气候过程，降水量多了，湿度大了，植被演化的物质条件优越了，便长出了灌丛，长出了荆棘，形成森林……

我们艰难地在丛林中继续攀行，前面的人和马拨动的荆条一不小心打在了后面人的脸上脖子上和手臂上，泛起道道红色印痕，生疼生疼的；团团蚊虫被惊起飞舞在耳际、眼前，嗡嗡地叫人心烦，钻进耳鼓中或落入眼睛里的小家伙们无端地牺牲了自己又给我们这些迷途的行者增加了许多莫名的不便……我们希望快点钻出这似乎深不见头的灌丛密林。

终于峰回路转，原来对面的小路跨过一座小木桥后终于转到了我们的前上方，两个民工早就停在桥头处等我们了。见面后阿奇蒙博士调侃说：“都是那一对美丽的长辫子

玛尼堆

玛尼堆是藏传佛教信众路过时从远近不同地方携带而来的石块，有的石块上面刻有简单明了的经文，大都是“阿弥托佛”一类的吉祥语，但更多的则是就近捡拾而来的石头，随着时日的增进，玛尼堆越堆越大，越堆越高。每逢来往路过者，按藏传佛教的规矩都至少要按顺时针方向转一圈才可继续前行。

子梅垭口玛尼堆

惹的祸。不过能拍到那么漂亮的人物照片，值！”

掏出GPS一看，我们已经爬上了海拔4000米的高度，也就是说，再有500米就能登高望见贡嘎山了。

几条盘山小道走过后，沟浅了，水少了，树木植被也少了，抬头向上，路变得格外陡峭起来，不远的山坡上还有些斑状未化的积雪，因寒冻风化而破碎的岩层中生出稀疏的小叶杜鹃、雪莲花和高山大黄一类的植物。一阵山风袭来，呼呼地，仿佛每块岩石都在颤动。

下午两点多，我们终于爬上了海拔4500米的子梅山垭口。垭口正中堆满了藏传佛教玛尼堆，在高大的玛尼堆中竖着十几米高的大木杆，木杆上挂满了写着梵语经文的经幡，在过山风的吹拂下，经幡发出哗啦啦的响声，更增添了几分肃穆的气氛。

科学地考察起来，玛尼堆最早的功能是有其实用之处的。比如在牧区，或牧区之间的无人区，人们往往捡来石头放在关键地方，以示来去的路径方向，或者见路面不平，于是将散乱的石块拾起集中投放一处有利路人行走；要是在农区，在耕作中将地里的石块拾起集中到某一个地方以便提高土地耕作质量，增收粮食作物。后来人人养成习惯，路上、田里的乱石少了，玛尼堆上的石头却越堆越多，演变到今天，恐怕不少佛教徒也说不清这玛尼堆的真正起始原因了。

在我国藏传佛教地区这种玛尼堆随处可见。1986年我赴西昆仑山无人区考察，也曾见到过十分原始、简陋的玛尼堆，几块石头垒在一起，最上面一块还系着带有颜色的毛线绳，那显然有路标的实用功能。我曾沿着那路标向纵深走过好几千米。那方向由西而东，不知何年何月何人曾来过这里，又从这里步行去了更东更远的地方。2006年我又去了四川甘孜石渠县，县内的石经城和石经墙堪称世界玛尼石经堆之最，位于石渠县以北50多千米的巴格玛尼石经墙目前长达1.7千米，平均高约2米，厚达1.5～3米不等。据考证，巴格玛尼石经墙从置放于此的第一块石经开始已有300余年的历史了。在县城西南方向同样相距约50多千米的扎溪卡草原深处还矗立着已有千年历史的松格玛尼石经城。城高5～20米，长宽可达百米。远远看去，似有柬埔寨吴哥古窟的风韵。不过无论是石渠县的石经墙还是石经城都是规模、气势堪称吉尼斯之最的玛尼堆。与一般玛尼堆不同的是，它们不仅规模宏大，无与伦比，而且还在于构成经墙和经城的每一块石头上面都刻有经文，而其中部分经石还刻有佛教故事的图案，色彩缤纷，有极高的艺术价值。

石渠巴格玛尼石经墙和松格玛尼石经城均已被列入国家一级文物保护单位。现今的玛尼堆已经成为整个藏传佛教中不可或缺的赋有许多宗教含义的图腾人文景观了。

甘孜石渠巴格玛尼石经墙

上子梅村

我牵着马在子梅山垭口的玛尼堆按顺时针方向转了三圈，口中念念有词，祝我们此行考察顺利。

我不信神，不信教，但我把自己这些规范的宗教行为当作对历史悠久的藏传佛教文化的尊崇，对藏族同胞的兄弟友爱。汉族人讲究的“人乡随俗”，不就是这种意思吗？敬人者人肯敬之，社会才能和谐，人类才能和平友好相处。

站在飘然作响的子梅山垭口经蟠下，向西望去，只见云雾缭绕的贡嘎山高踞群峰之上，大小贡巴冰川末端经不住气候变暖的大环境影响已然一分为二自成独立的冰川系统，山下子梅村仿佛是一座与外界失去联系的世外桃源……

我们当天傍晚前将赶到子梅村，按计划在子梅村住一夜，就近考察子梅村、田湾河上游莫溪沟第四纪古冰川作用的形态、规模以及相关的生态环境。

从子梅山垭口下到子梅村足足走了三个多小时。

子梅村是贡嘎山西坡田湾河上游莫溪沟流域唯一的一个行政村。子梅村由两个自然村组成，分别叫上子梅村和下子梅村，我们宿营的叫上子梅村。

子梅村位于一个海拔3200米左右的古冰碛—冲积台地上，大约有十来户人家，属康定县六巴乡管辖，以种植小麦、青稞和土豆为主。除了现代日用品必须从外面运进之外，如果按原生态生活方式和水平要求，这里真是旱涝无忧，属于自给自足半封闭式的生活状态。村内四周都有泉水可以取用，山中的森林仅自然倒伏的树木当燃料就绰绰有余。现在讲究自然生态保护了，山中的野兽不让随意捕猎了，不过靠自家生产的粮食和养的猪牛鸡鸭也是自给有余。我们刚安下帐篷不一会儿，就有老百姓背来土豆，端来鸡蛋，说是随便吃不用给钱。不给钱自然不行，也不好意思，按成都市价付费，村民也不说多，也不说少，看来相对封闭的深山生活使这里的农民没有一点市场经济的观念。十五期间，国家不是要实现“村村通”工程吗？但愿将公路尽快修进来，让现代化的春风也早一点吹到这蜀山之王贡嘎山的西坡来啊！子梅村的群众也有权利和全国人民一道共同步入小康社会。近两年有人再去贡嘎山西坡考察，说是公路已经修到了子梅村，不少人家还翻盖了新房，子梅村的村民几乎家家都有了摩托车，有的人家还买上了汽车，乘汽车一天就可以翻过子梅山，来到康定，两天就可以来到成都。

米歇尔·李奇特尔博士坚持要去子梅村村民家住宿，在征得一家女主人的同意后，我说：“注意安全吧，明天早上见，有什么事情可用哨音联系，一长两短是示警信号。”野外跑得多了，便有自己的一套组织、管理方法。在无法用现代通信工具联络的地方，体育用哨子是我推荐的最佳、也是最方便的联系手段。

子梅村的农家孩子（2001年）

子梅村靠莫溪沟方向分布着几列高大的第四纪堆积物。根据其垅岗状，具有明显反向坡形态来看，肯定属于古冰川形成的冰碛物，也就是说，在地质历史某个寒冷期中，贡嘎山西坡的冰川已然自

上游一路延伸到了子梅村一带，当时的冰川长度至少应该在20千米以上。事实上，凭借十万分之一地形图和有关卫片、航片判断，在距今7万多年以前的第四纪冰川盛行时期，整个贡嘎山西坡和南坡的山谷冰川都无一例外地延伸到了田湾河主流沟谷之中，就是东坡的海螺沟冰川不是也下延到了海拔1900米以下的窑坪（1号营地附近）一带了吗。那时贡嘎山的冰川景观可比现在要宏伟壮观多了。当时折多山的冰川一直连到了北面的木格错，真是沧海桑田，世时更迭，岂是我们人类的力量所能左右和控制的呢？

贡嘎山西坡的牧场

从9月1日开始，我们从上子梅村出发一直沿着莫溪沟的支流——贡巴河溯源而上，进行冰川与环境的考察。

虽然总体上讲贡嘎山西坡不如东坡湿润，但是一进入贡巴河谷，却发现森林一样的茂密，一样的郁闭，不过林相变化颇大。海螺沟中上游以高大的乔木，如以云杉，冷杉为主，而贡巴沟除了一定数量的冷杉、云杉外，更多的是栎树。栎树粗壮高大，林下苔藓、菌类竞相生长，尤其各种野生菌类比比皆是，比海螺沟还要丰富多彩。

贡嘎山西坡有一座建立在海拔3700米左右的古冰碛平台上的藏传佛教寺庙——属萨迦派的贡嘎寺。贡嘎寺由一座四合院和供奉观音大士等菩萨的寺庙组成。主持喇嘛共有三人。一位年纪约60岁的尼姑似乎是外来挂单云游的，平时为主持喇嘛们煮煮酥油茶，然后就去寺院观音菩萨殿内不停地转经。贡嘎寺内的观音塑像高约2米，是千手观音，浑身纯白，慈眉善目，在顶礼膜拜中真的会感觉到这位大慈大悲的菩萨会保护你和你的家人、朋友一生平安。

站在贡嘎寺前的平台上，对面的贡嘎山近在咫尺，蜿蜒而下的大小贡巴冰川曾几何时合流一处成为贡巴沟河水的源头，现在的小贡巴冰川最高处海拔约6900米，冰川末端海拔4140米，长约6.9千米，冰川面积约6.46平方千米；大贡巴冰川位于小贡巴冰川的西南侧，最高上限海拔约6684米，冰川末端海拔3660米，长度为11千米，冰川面积20.21平方千米。大贡巴冰川是目前贡嘎山长度超过10千米的五条大型山谷冰川之一。

真正要全面掌握贡嘎山高山森林生态及冰川作用过程、环境，除了在东坡进行必要的常规观测之外，应该尽快地在西坡甚至南坡建立相应的对比观测实验站，否则我们对贡嘎山甚至对以贡嘎山为典型、为代表的整个青藏高原东缘的了解和认识将是不全面和有缺陷的。随着318国道的改扩建，康定新都桥机场的建设开通，如果再尽快地开通南坡田湾河到子梅村或者从六巴（贡嘎）乡到子梅村甚至到贡嘎寺的公路，西坡建站观测将会具备更有利的条件，而且，包括立启河、玉龙溪、田湾河在内的贡嘎山西坡极具开发价值的旅游资源将会发挥更好的经济效益、社会效益和生态效益。

从贡嘎寺经子梅村沿田湾河有小路可通贡嘎山的南坡，向南可到九龙，向东可去石棉。沿途可通伍须海、猎塔湖、巴王海，不仅有湖光山色、冰流四溢、瀑布飞溅、

贡嘎寺（2001年）

贡嘎寺中的喇嘛（2001年）

森林密布、花团锦簇的特色，而且和东坡、北坡一样温泉众多。可惜我们此次考察时间有限，9月15必须赶回成都，外宾的签证有效期不允许我们延宕时日。

顺便说一句，正当我们回程走到玉龙溪也就是色物绒沟出口的时候，来接我们的司机告诉我们说头天美国发生了“9.11”恐怖袭击事件，这是他在汽车收音机中听到的。当我将这一难以置信的新闻告诉三位德国朋友们时，他们先是惊愕，接着便恢复了同样是难以置信的平静：“这也是迟早会发生的事。”“不过，不管世界上发生了什么事情，我们德国和中国的合作还要继续下去，包括我们两国的科学技术交流合作。”三位德国朋友几乎异口同声地说道。

这次短期的中德合作考察后，将暂时停止我自己在贡嘎山海螺沟冰川的科研工作，因为我在这年的7月被任命为西藏自治区政府发展计划委员会副主任，这是中国科学院根据中央有关部署与西藏自治区人民政府共同协商安排的，不久后我便去西藏

贡嘎山西坡林中小桥（2001年）

拉萨赴任了。

如果有机会，我还想去贡嘎山南坡，或者围绕着贡嘎山进行一次360度的全方位科学考察。

距离这次西坡科学考察又过去了十多年，其间，海螺沟没有少去，海螺沟冰川也没有少爬，也去过南坡的田湾河下游，到了一个叫草科的温泉分布区，就是还没有围着贡嘎山完整地走一圈。

目前，环贡嘎山科学考察的条件好多了，尤其是交通条件，无论是西坡还是南坡，都有极大的改善，要想完成这个心愿并非难事，只是时间上实在安排不过来。也许，等这本《唯美四川——海螺沟》新书出来后，我会抽出一两个星期，约同几位志同者友人围着贡嘎山认认真真地考察一遍，回来之后，是不是又该构思下一部科学普及专著了？如果是，那题目就应该是《唯美四川——贡嘎山》吧！

后记与谢词

《唯美四川——海螺沟》是应海螺沟景区管理局的要求，在《海螺沟科考纪行》一书的基础上进行大力度多角度改编而成的又一部“唯美四川”系列科学普及专著。此前已经出版发行的还有《唯美四川——螺髻山》和《唯美四川——米仓山（旺苍篇）》。高兴之余，抚案沉思，仍觉得有许多意犹未尽之处。

随着旅游产业的与时俱进，海螺沟的名气越来越大，人气越来越高，气势也越来越盛。尤其每当节假日，30多年前还是世外桃源的磨西小街，如今已是车水马龙的繁华市镇；磨西台地上人山人海，海螺沟、燕子沟内游人如织，“神汤”温泉，1号营地温泉和2号营地温泉池中欢声笑语，3号营地索道缆车座无虚席，就是那海螺沟冰川上也是人进人出，热闹非凡，丝毫也感觉不出那冰冻王国的寒冷氛围。

为了海螺沟的发展、保护和管理，各级政府投入大量人力物力和财力，进行了卓有成效的基础设施建设，专门设置了县级行政管理局，以保障和促进辖区内社会经济的稳定、繁荣和进步。

中科院也在沟内建立和完善了高山森林生态站，专门从事海螺沟，乃至贡嘎山以及青藏高原东缘的生态与环境的长期观察与研究。

包括冰川、森林、温泉还有人类活动在内的海螺沟自然生态系统为我们展示了一幅白色的和绿色的、寒冷的和温暖的、无机的和有机的、非生命的和生命的、静止的和动态的、冰冻圈和生物圈及人类活动圈彼此依存，互为补充，交叠共融的神奇而壮丽的图画。

然而发展的道路还很长，生态环境保护的责任还很重，要做的事情还很多。

蜀山之王贡嘎山的精准海拔究竟有多高？海螺沟大冰瀑布的规模究竟有多大？随着全球变暖趋势的愈演愈烈，海螺沟冰川、磨子沟冰川、燕子沟冰川还有南门关沟冰川的未来变化走向如何？在人类进入的密度和次数越来越多的影响下，海螺沟的生物群落、海螺沟的原始森林、海螺沟的动物朋友们，甚至那些日夜流淌不息的地热温泉更需要我们人类的关爱和保护。

由于人为的一些因素，海螺沟的建设、保护和发展还只限于目前的磨西、新兴两乡镇的属地范畴，这与当初向国务院申报并批准的“贡嘎山风景名胜区”的地域范围相去甚远。

但愿将来有一天，我们的海螺沟不仅只为海螺沟，还能成为蜀山之王——贡嘎山的“代言人”。

感谢我的老师、老所长施雅风院士生前为我原创科学普及系列专著的题词；感谢中国科学院成都山地灾害与环境研究所尤其是邓伟所长的关心、支持和帮助；感谢海螺沟景区管理局的经费资助并且在历次考察中提供的种种便利；感谢此前巴蜀书社段志红社长，陈红女士，施维先生对我的帮助；感谢成都理工大学李庆雯教授为本书部分图片扫描并且提供部分帮助；感谢同心出版社科普与少儿图书出版中心主任张兆晋先生精心编辑和出版我的又一部“唯美”系列专著科普图书。

特别感谢书法家陈有琦（大可）先生为本书题写书名和为《贡嘎山海螺沟赋》书写的书法作品。

本书二层山等部分图片由海螺沟景区管理局局长谭志泉先生和营销处曹龙武先生等人提供，在此表示感谢。

张文敬

2014年8月